预制装配式建筑施工技术系列丛书

预制装配式建筑监理质量控制要点

中国建设教育协会
远大住宅工业集团股份有限公司 主编

中国建筑工业出版社

图书在版编目（CIP）数据

预制装配式建筑监理质量控制要点/中国建设教育协会，远大住宅工业集团股份有限公司主编．—北京：中国建筑工业出版社，2018.12

（预制装配式建筑施工技术系列丛书）

ISBN 978-7-112-23042-6

Ⅰ.①预… Ⅱ.①中… ②远… Ⅲ.①预制结构-装配式构件-质量控制 Ⅳ.①TU3

中国版本图书馆 CIP 数据核字(2018)第 277707 号

本书梳理了长沙远大住宅工业集团二十多年、上千项目历练而来的研究成果，总结了适用于现阶段我国预制装配式建筑监理的相关经验，涵盖了准备阶段、PC 生产制作阶段、施工阶段、竣工验收阶段等多个环节的质量控制要点。旨在为我国预制装配式建筑监理的发展提供些许有益的参考和借鉴，帮助行业范围内的其他单位更好地了解装配式建筑的监理内容，最终助力预制装配式建筑产业化与规模化的快速发展。

* * *

责任编辑：李 明 李 杰 葛又畅

责任校对：党 蕾

预制装配式建筑施工技术系列丛书

预制装配式建筑监理质量控制要点

中国建设教育协会
远大住宅工业集团股份有限公司 主编

*

中国建筑工业出版社出版、发行（北京海淀三里河路 9 号）

各地新华书店、建筑书店经销

北京红光制版公司制版

天津安泰印刷有限公司印刷

*

开本：787×1092 毫米 1/16 印张：11¼ 字数：271 千字

2019 年 3 月第一版 2019 年 3 月第一次印刷

定价：**45.00** 元

ISBN 978-7-112-23042-6

(33132)

主编单位：中国建设教育协会
远大住宅工业集团股份有限公司
主　　编：谭新明
副 主 编：蒋鹏奇　吕清柏
编写人员：柳四兵　李海波　张　辉　蒋　力

前　言

随着整个社会工业化、机械化、信息化进程的加快，中国经济的持续发展，未来社会对建筑产品的建造将会朝着高品质、低污染、可持续、规模化的方向发展。传统手工操作式的建筑生产方式已经不能满足建造需求，实现建筑工业化是解决问题的必要途径。现浇混凝土结构体系存在的缺点阻碍了建筑工业化生产的实现，而预制装配式建筑将真正实现建筑从“建造”向“制造”的转变，是实现建筑工厂化的有效途径，把房屋拆分成各种构件（柱、墙、梁、板、楼梯）在工厂进行预制生产，再在现场通过必要的节点连接、局部现浇拼装成整体的装配式结构。

预制装配式建筑是节能建筑发展的方向，也是普及绿色建筑的捷径。预制装配式建筑是用工业化的生产方式来建造建筑，将建筑的部分或全部构件在工厂预制完成，然后运输到施工现场，将构件通过可靠的连接方式组装而建成的建筑。常见诸报端的“住宅产业化”是建筑工业化在住宅建筑领域的另一种称谓。工业化建造模式与传统的现场建造方式不同，其建造环节、产业链构成、工程建设和市场运行模式均存在明显的差别。简而言之，工业化建造就是“像造汽车一样造房子”。

各地在推进预制装配式建筑项目时，由于施工技术不成熟、经验积累不足、相关机具设备准备不够充分等，预制装配式工程质量问题已经成为推广预制装配式建筑等重大决策成败的关键，工程监理作为监督管理工程质量的第三方较少，如何更好地发挥其监理作用，显得尤为重要。

因此，编者通过梳理长沙远大住宅工业集团二十多年来的研究成果，总结了适用于现阶段我国预制装配式建筑监理的相关经验，涵盖了预制装配式建筑监理过程中的“监理规划及细则”、“开工审查”、“PC 工厂及构件审查”、“竣工验收”等多个内容。旨在为我国预制装配式建筑监理的发展提供些许有益的参考和借鉴，帮助行业范围内的其他单位更好地了解装配式建筑的监理内容，最终助力预制装配式建筑产业化与规模化的快速发展。

因时间仓促和能力所限，本书难免会存在一些不妥之处，望大家提出宝贵的修改意见，我们将会在以后的时间里加以整理并及时修订此书。

目　录

第1章　准备阶段质量控制要点

1.1　监理规划的编制要点

1.1.1　工程概况

（1）工程名称、项目建设单位、建设地址、净用地面积、工程项目的组成及规模等。

（2）主体承包单位简介：主要包括主体设计单位、施工总承包单位、地质勘察单位、常规检测单位、对比检测单位等。

（3）政府主管部门简介：质量监督单位、安全监督单位等。

1.1.2　监理工作依据

（1）建设工程委托监理合同。

（2）工程承包合同及协议、工程勘察报告、设计文件（包括图纸、变更通知等）。

（3）国家、行业和省、市现行的技术规范、规程和标准。

（4）质量评定标准及验收规范。

（5）现行有关定额和取费标准。

（6）国家及地方有关法规、制度等规范性文件。

（7）建设工程监理规范。

（8）现行国家工程质量验收标准及工程质量验收规范清单。

1.1.3　监理工作目标、范围和内容

1. 监理工作目标

工期目标控制实际工期不超过计划工期；质量目标确保优良工程；投资目标确保工程投资额不超过业主确认的总投资；安全目标确保在整个工程建设期不出现重大安全事故；监理服务质量目标保证发扬“科学公正、诚信守法、勤奋敬业、服务一流”的质量目标，制定完整并具有可操作性的监理实施细则，使每一项监理工作都有章可循。根据监理工作的需要，确保各专业监理工程师按期到位，并认真履行职责，100％的实现承诺，100％履行合同，争取业主投诉为零，真正做到让顾客满意。

2. 监理工作范围

根据委托监理合同确定。

3. 监理工作内容

投资控制、质量控制、进度控制、安全管理、合同管理、信息管理、现场协调，即“三控三管一协调”。在此只介绍质量控制，具体内容如下：

（1）材料、设备供应的监理工作内容

1）根据工程进度，要求承包单位制定材料、设备供应计划和相应的资金需求计划；

2）通过质量、价格、供货期、维修服务、厂家的质量保证体系和生产条件的分析和比较，协助业主确定材料、设备的供应厂家，并形成会议纪要；

3）材料、设备见证取样送检；

4）材料、设备进场检查验收。

（2）现场质量控制的监理工作内容

1）进行工程质量动态控制，进行巡回监控，对重点部位和关键操作实行旁站监理；

2）复验、确认施工测量放线成果；

3）组织隐蔽工程检查验收；

4）核签施工实验报告和质量检查记录等；

5）组织分项、分部工程质量检查和验收；

6）参与单位和单项工程质量检查和验收；

7）组织工程质量事故的调查与处理；

8）督促承包单位建立质量安全生产制度，防止违章作业；

9）组织工程质量评定；

10）组织工程中间交接；

11）试车时审查单机联动试车方案，进行跟踪控制；

12）配合建设单位进行试车；

13）审核竣工图及其技术文件资料；

14）组织整个工程项目的竣工预验收，参与分户验收、竣工验收；

15）参与工程交接。

1.1.4 质量控制主要监理措施

1. 质量控制的组织措施

（1）建立健全监理组织，完善职责分工，责任到人。

（2）要求承包商管理人员具有相应资质，持证上岗并落实到位，责任到人。

2. 质量控制的技术措施

（1）严格控制原材料的进场。

（2）严格控制隐蔽工程的验收。

（3）严格控制工序交接。

（4）严格控制中间验收与竣工验收。

3. 质量控制的经济和合同措施

（1）严格质检与验收，符合质量要求并经验收方可支付工程款。

（2）不符合质量要求拒付工程款。

（3）对发生严重质量事故者给予罚款。

1.1.5 项目监理部组织机构

（1）监理组织框图（图1-1）。

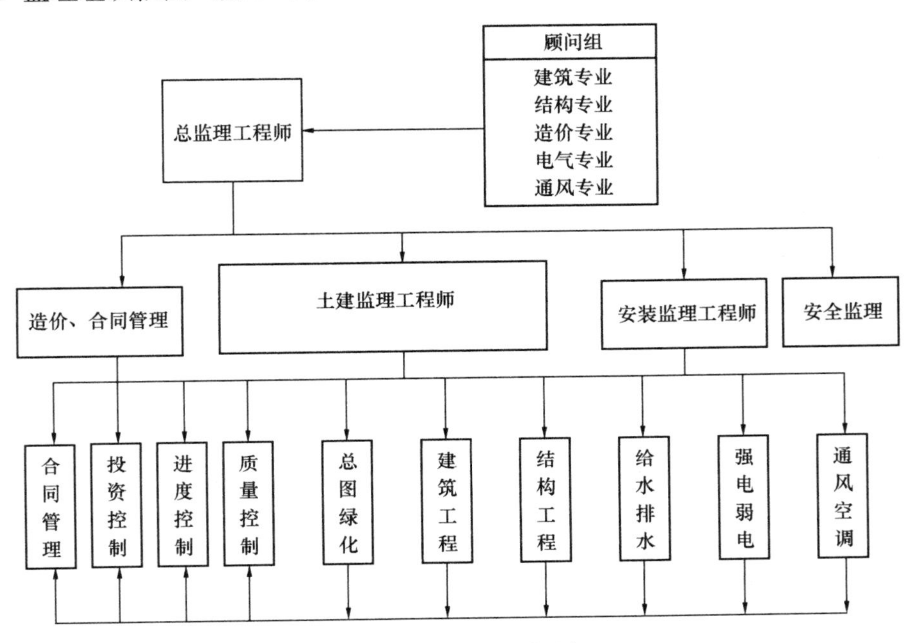

图1-1 监理组织框图

（2）监理机构人员的岗位职责：根据监理规范编制总监理工程师的职责、总监理工程师代表的职责、专业监理工程师的职责、监理员的职责、资料员的职责。

（3）项目监理部需要配置的装备、测量装置及需要建设单位提供的设施：建设单位提供的设施、监理自备设施。

1.1.6 监理工作守则与制度

1. 监理工作守则

（1）国家的利益和监理工作者的荣誉，按照“守法、诚信、公正、科学”的准则执业。

（2）执业有关工程建设的法律、法规、标准规范和制度。

（3）勤奋敬业，刻苦工作，切实履行监理合同规定的职责。

（4）努力学习专业技术和工程监理知识，不断提高业务水平和监理水平。

（5）恪守职业道德，不以任何方式谋取非正当利益，包括：

1）不以个人名义承揽与项目监理相关的业务；

2）不为所监理项目指定承建商、建筑构配件、设备和材料；

3）不收受被监理单位的任何礼金；

4）不泄漏所监理工程各方认为需要保密的事项。

2. 监理公司工作制度

（1）项目监理部受公司委派，代表公司履行委托监理合同。

（2）项目监理部实行总监理工程师负责制。

（3）总监理工程师须经公司总经理书面授权，全面负责履行委托监理合同，主持项目监理部工作。

（4）公司对项目部进行定期检查与考核。

3. 项目监理部内部工作制度

项目监理部为规范日常运作，建立以下内部管理制度并颁布张贴：监理工作守则、监理工作质量目标、内部会议制度、考勤制度、对外联系制度、资料管理制度。

1.1.7 监理工作程序

1. 质量监理工作程序汇总（图 1-2）

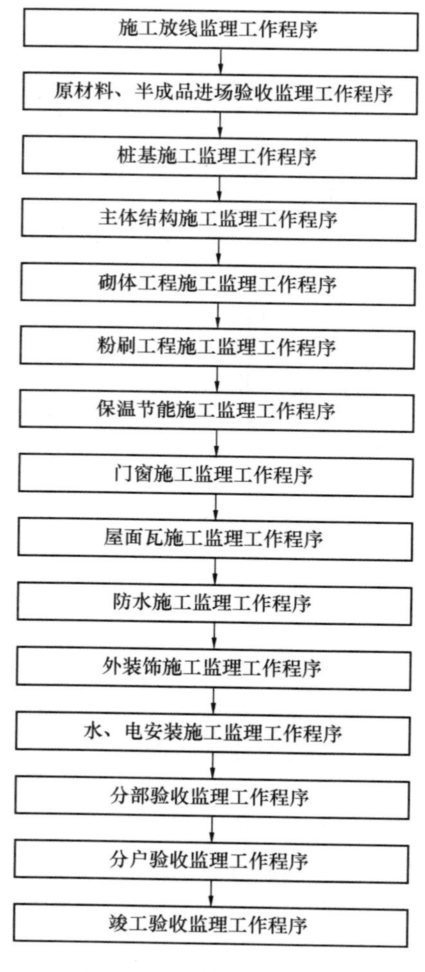

图 1-2 监理工作流程图

2. 施工放线监理工作程序（图 1-3）

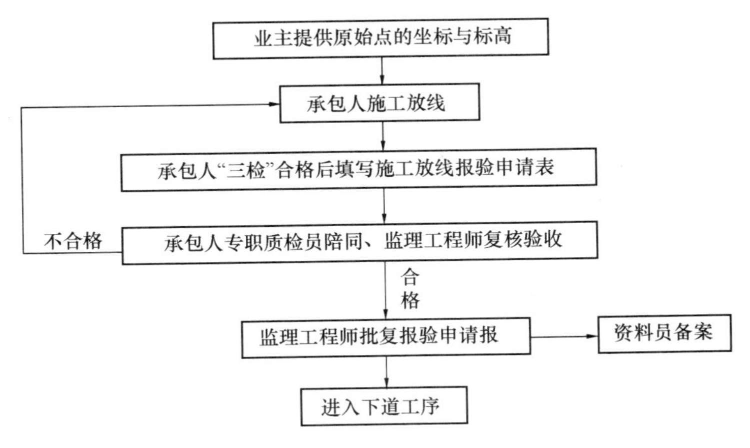

图 1-3　施工放线监理流程图

3. 原材料、半成品验收监理工作程序（图 1-4）

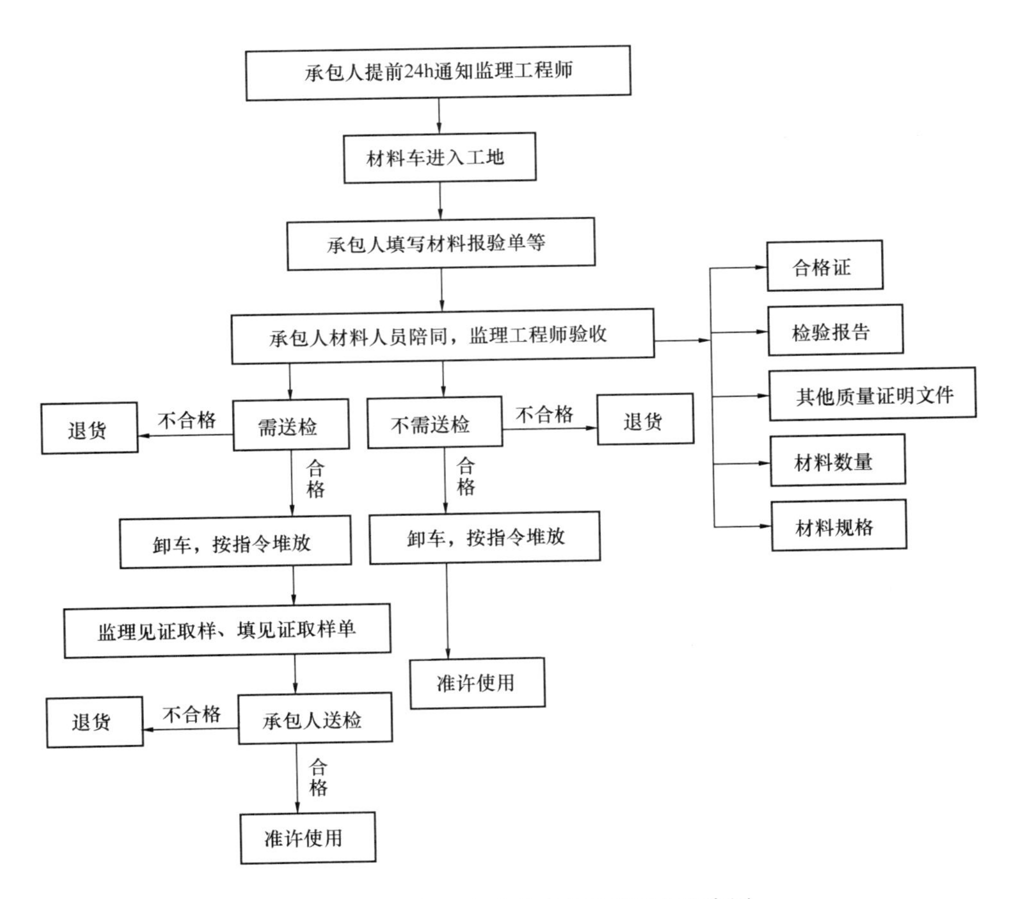

图 1-4　原材料、半成品验收监理工作程序图

4. 主体结构施工监理工作程序（图 1-5）

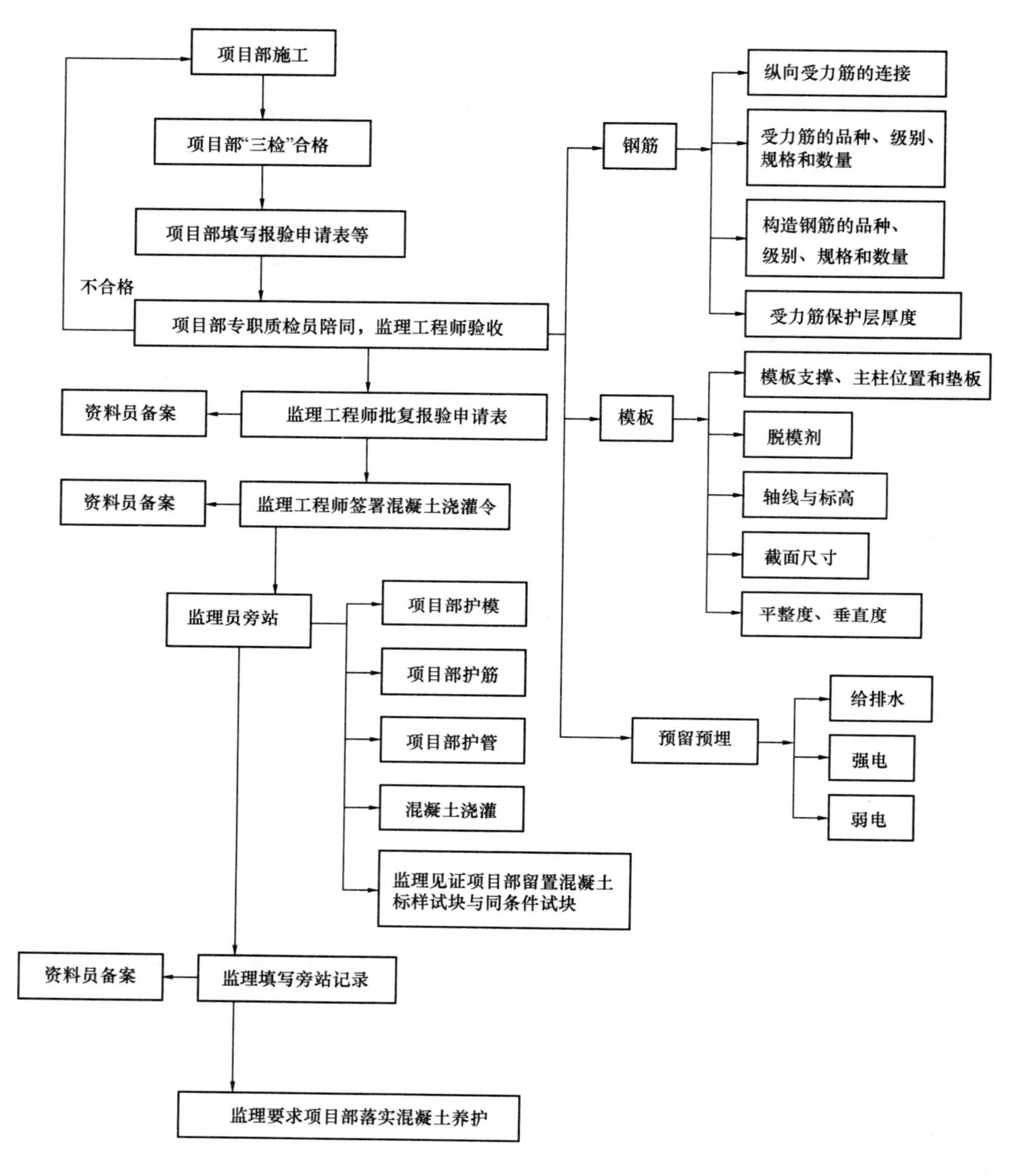

图 1-5　主体结构施工监理工作程序图

5. 防水施工监理工作程序（图 1-6）

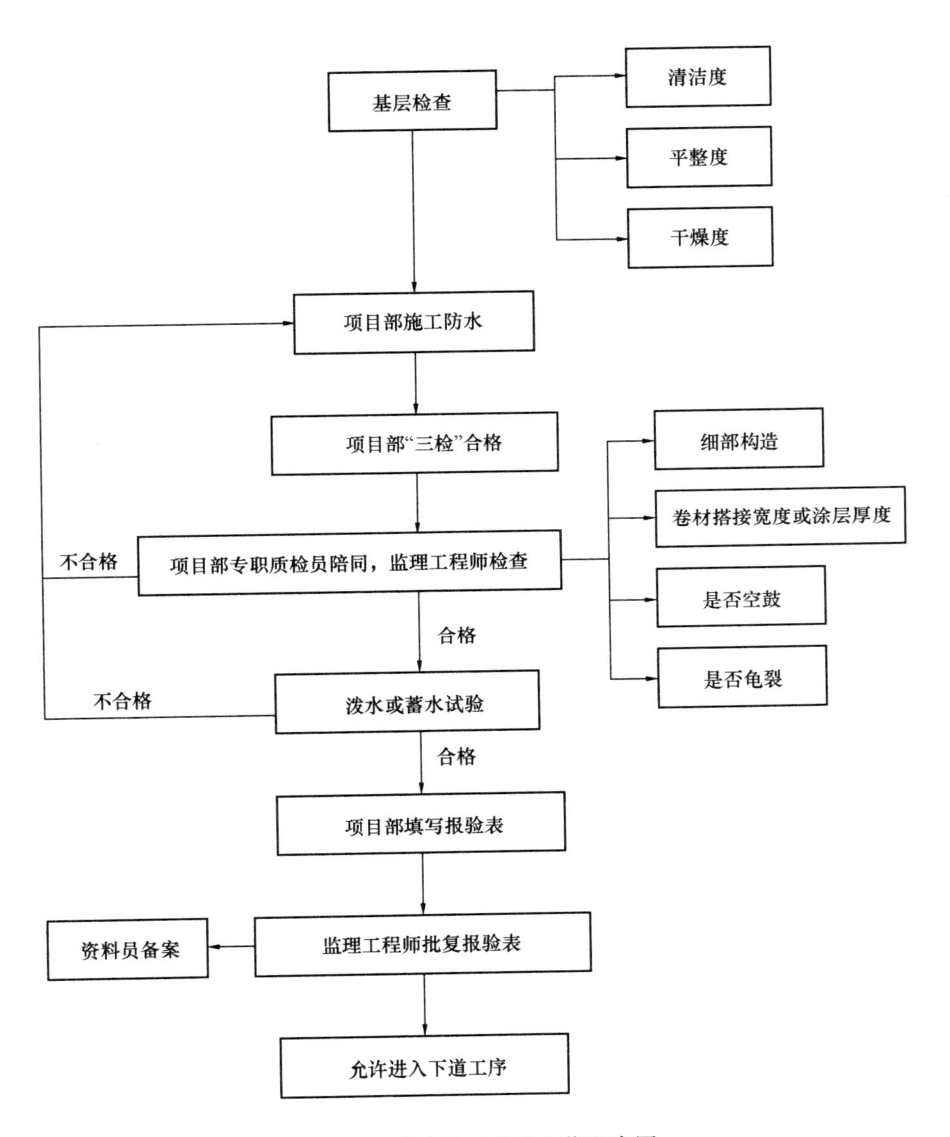

图 1-6 防水施工监理工作程序图

6. 保温节能施工监理工作程序（图 1-7）

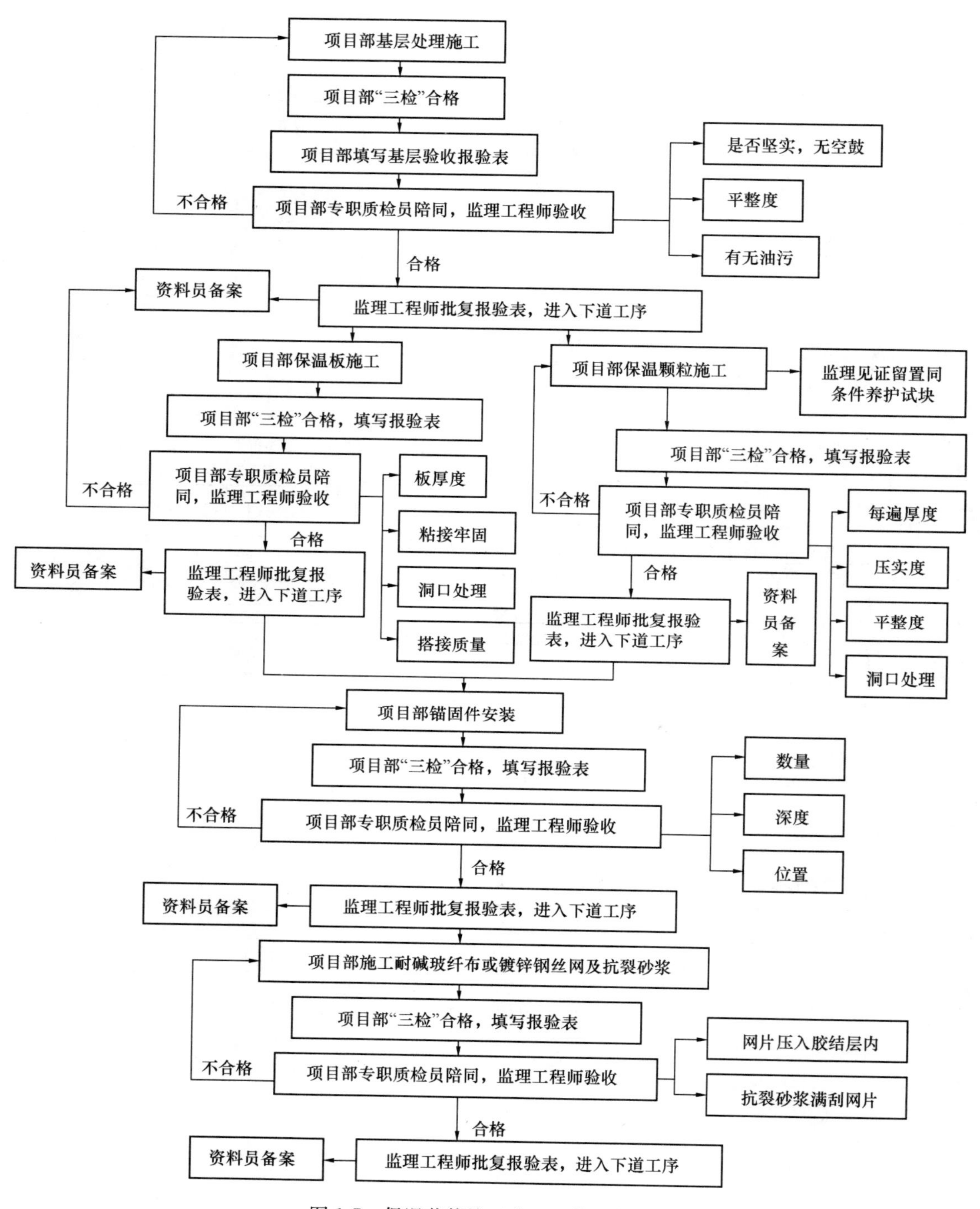

图 1-7 保温节能施工监理工作程序图

7. 门窗施工监理工作程序（图 1-8）

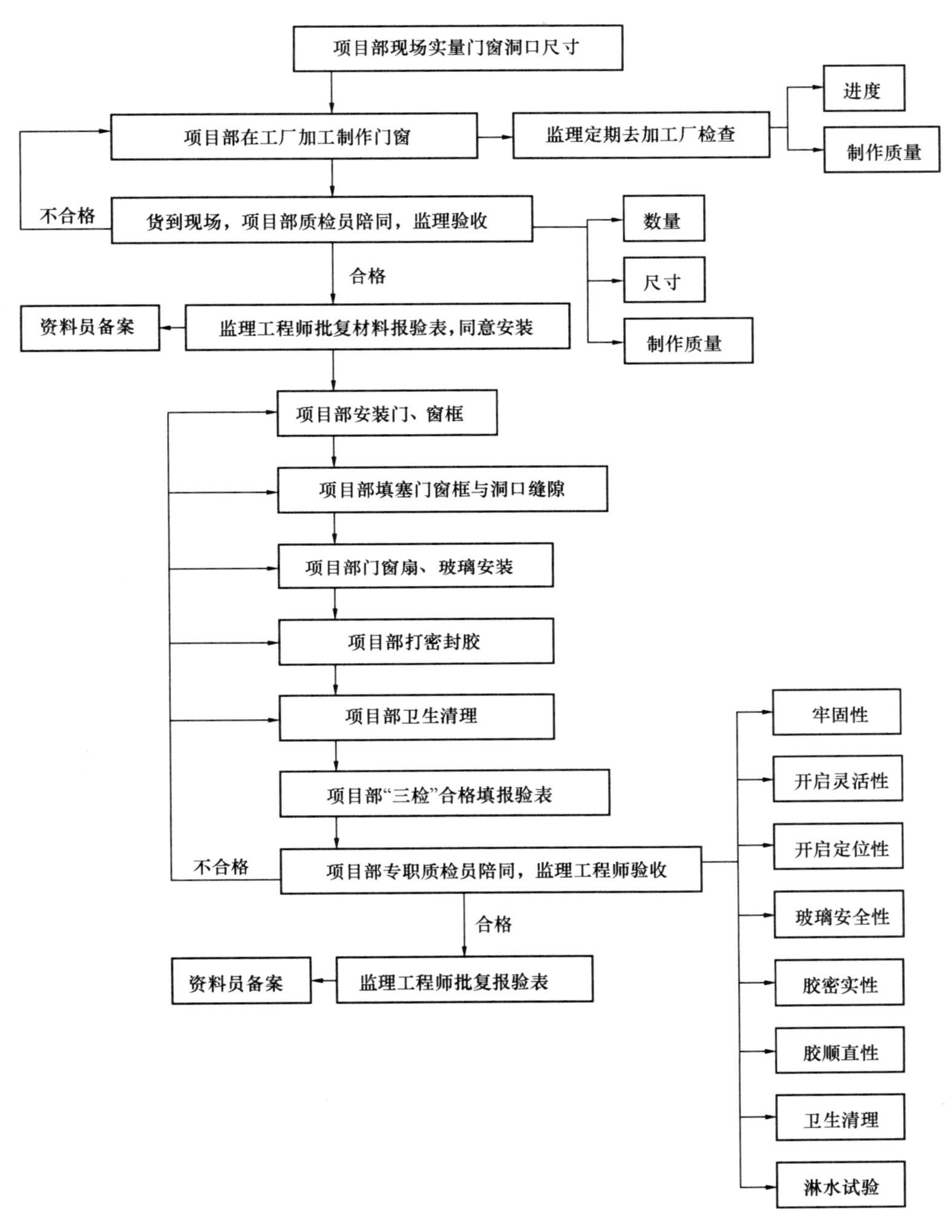

图 1-8　门窗施工监理工作程序图

8. 室内精装修施工监理工作程序（图 1-9）

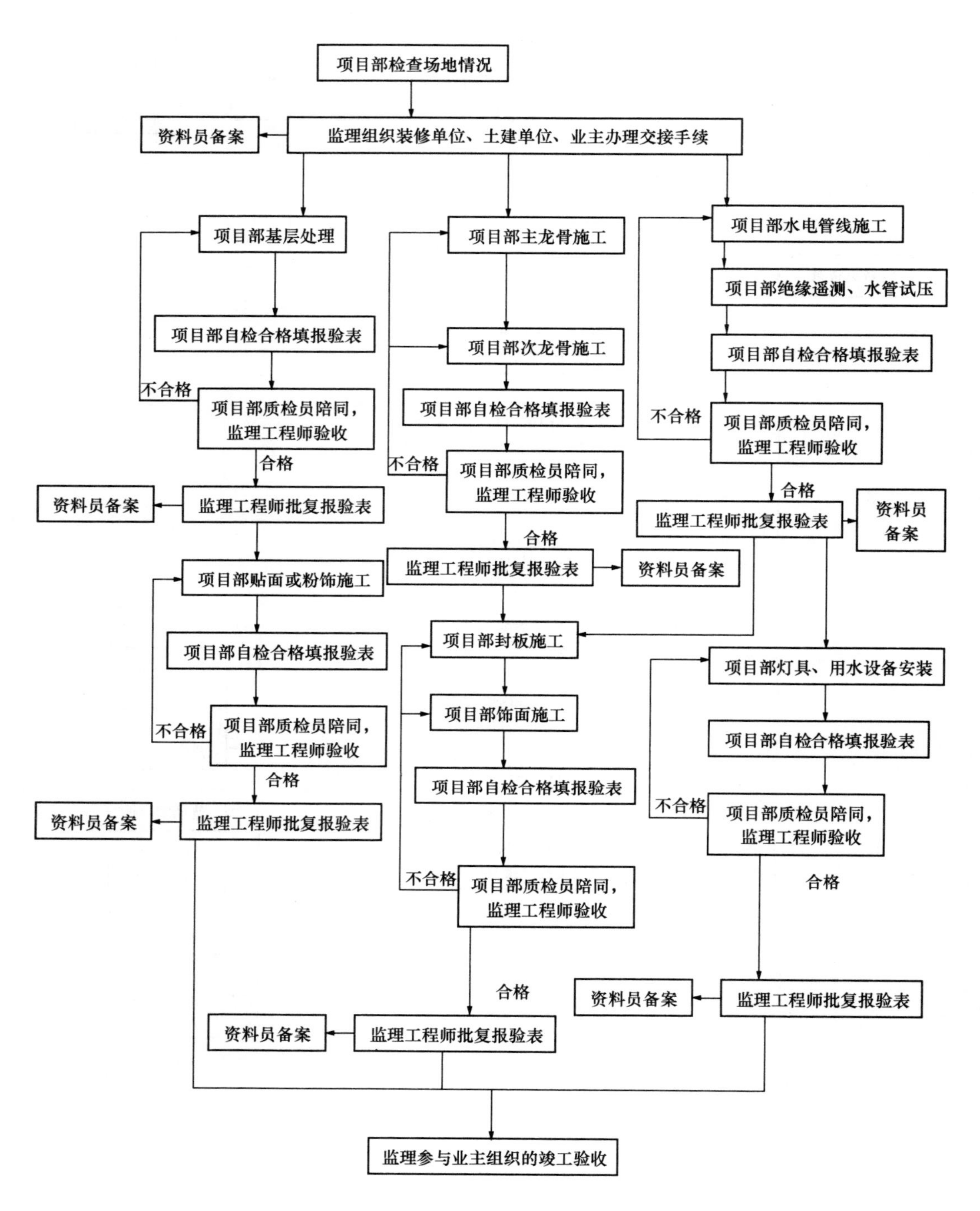

图 1-9　室内精装修施工监理工作程序图

9. 水、电安装施工监理工作程序（图 1-10）

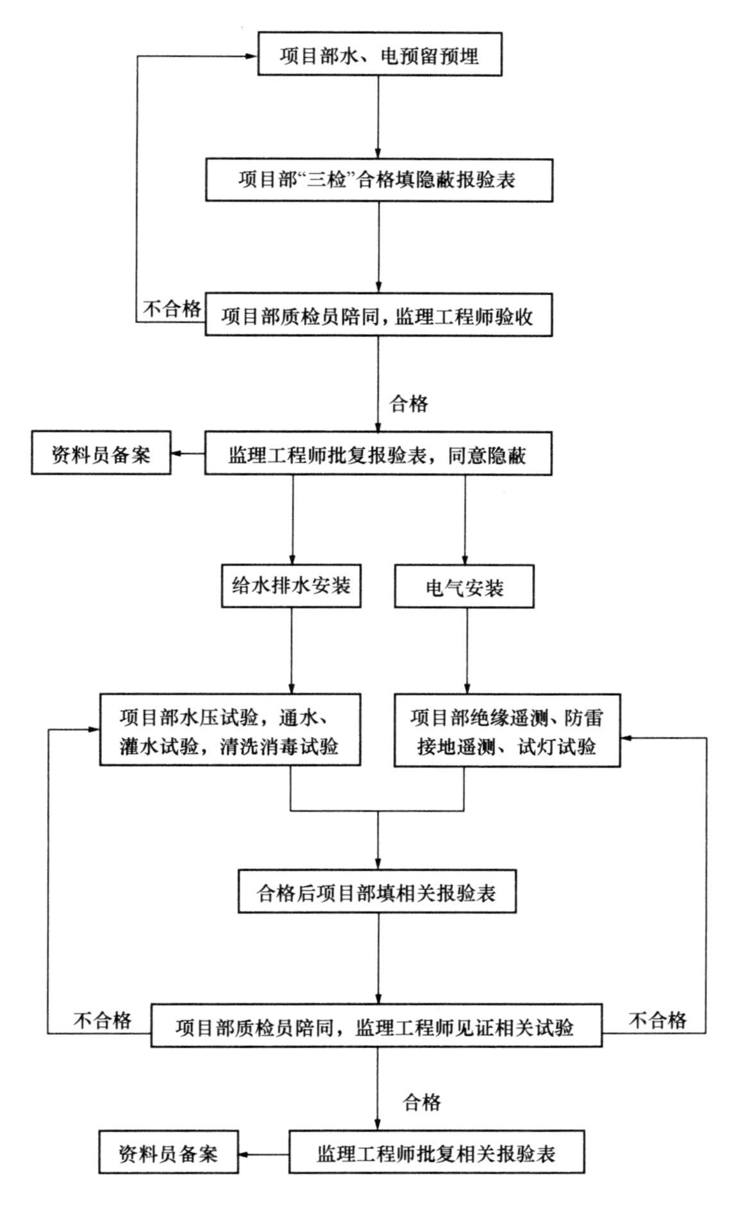

图 1-10　水、电安装施工监理工作程序图

10. 园林绿化施工监理工作程序（图 1-11）

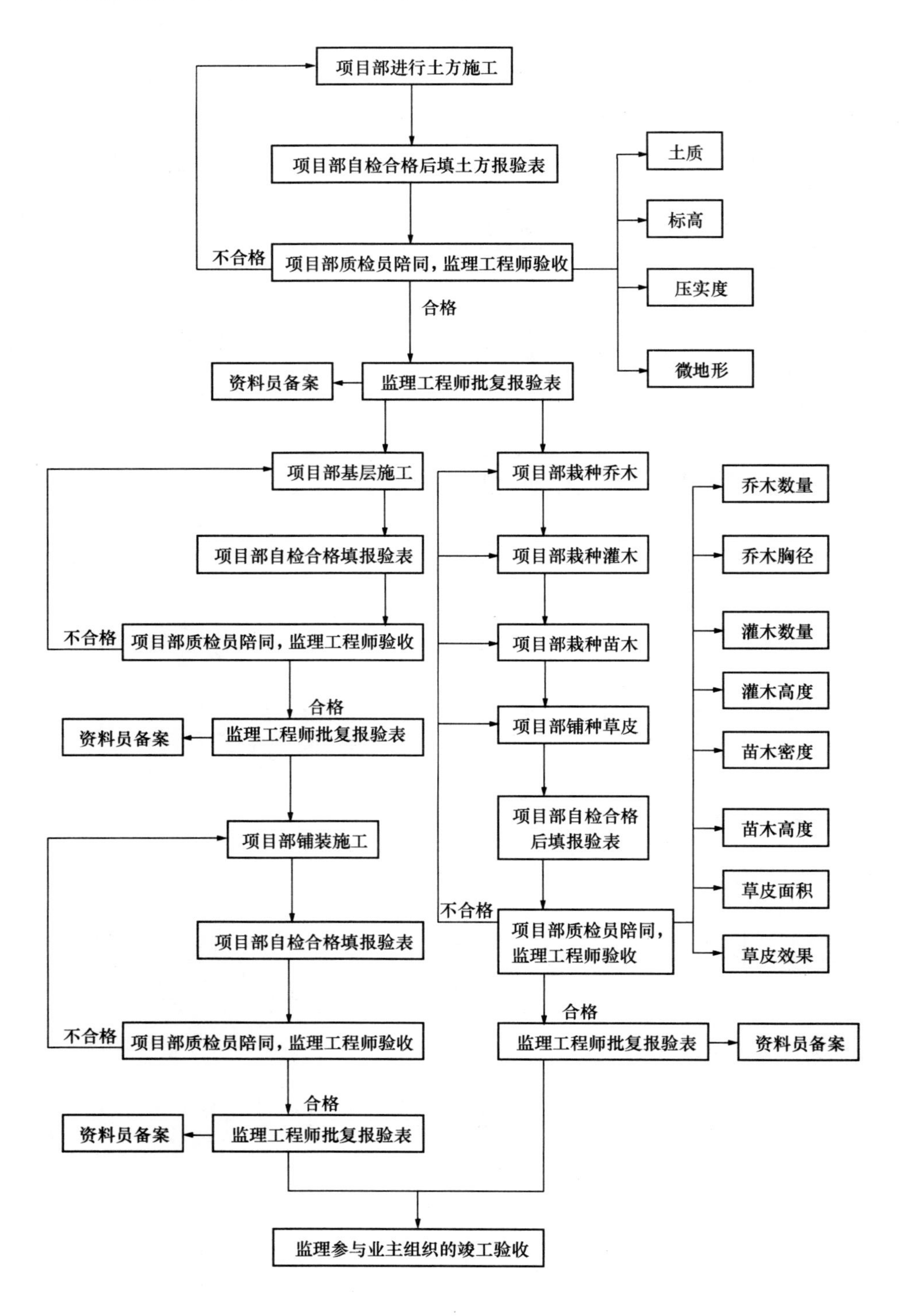

图 1-11　园林绿化施工监理工作程序图

11. 装配式建筑 PC 构件管理工作程序（图 1-12）

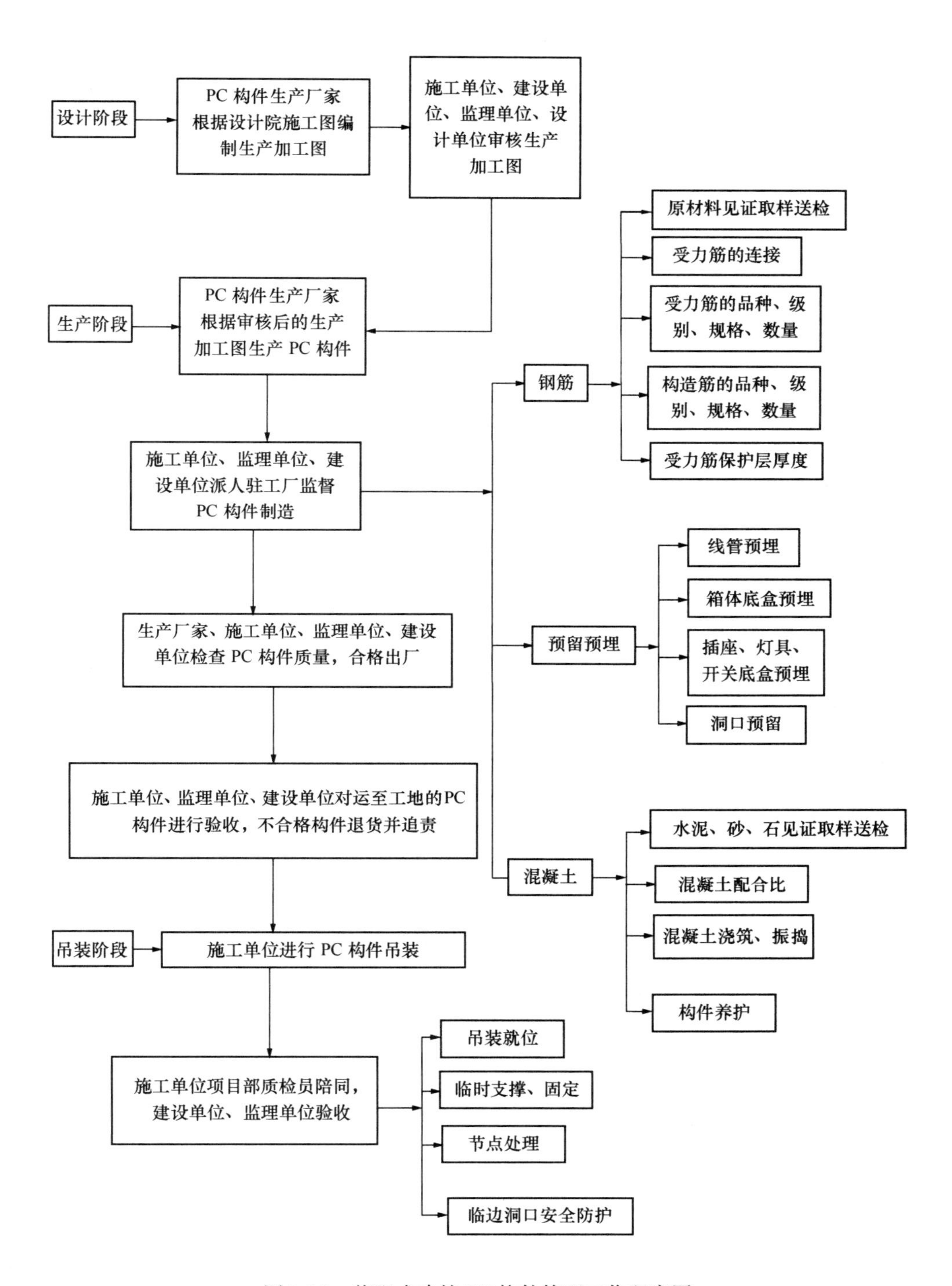

图 1-12　装配式建筑 PC 构件管理工作程序图

12. 装配式建筑 PC 构件进场验收程序（图 1-13）

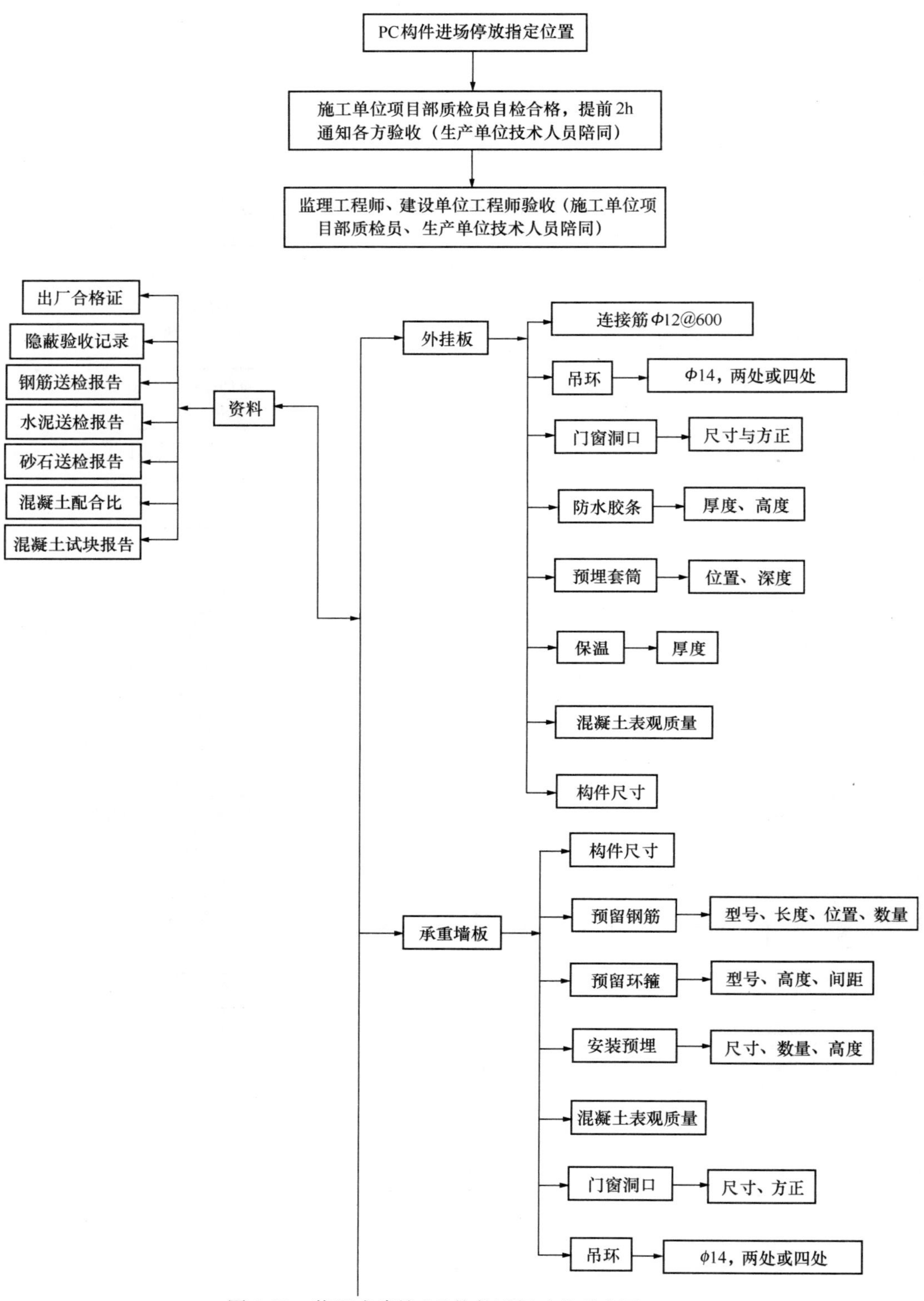

图 1-13　装配式建筑 PC 构件进场验收程序图（一）

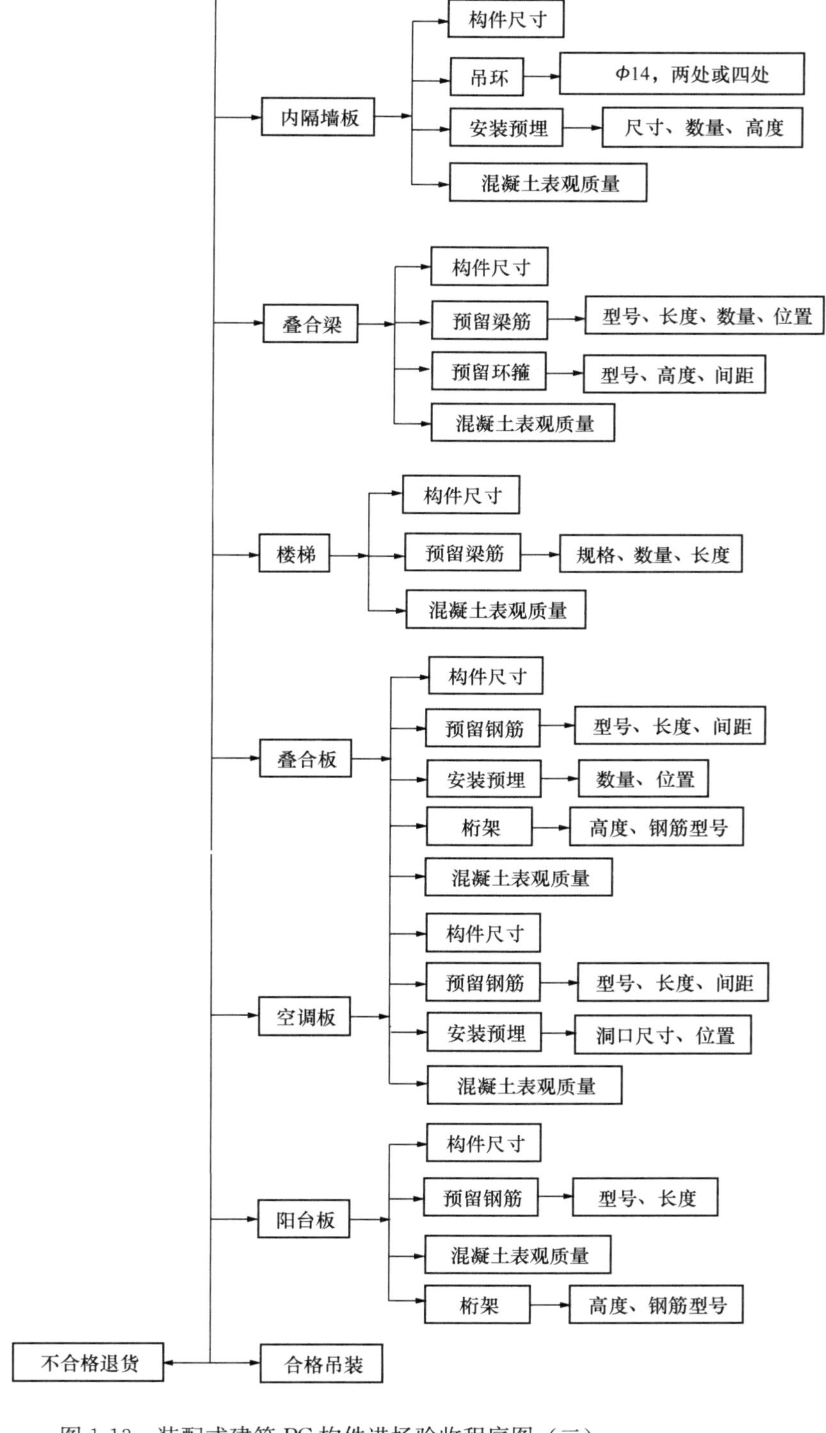

图 1-13　装配式建筑 PC 构件进场验收程序图（二）

13. 装配式建筑 PC 构件吊装验收程序（图 1-14）

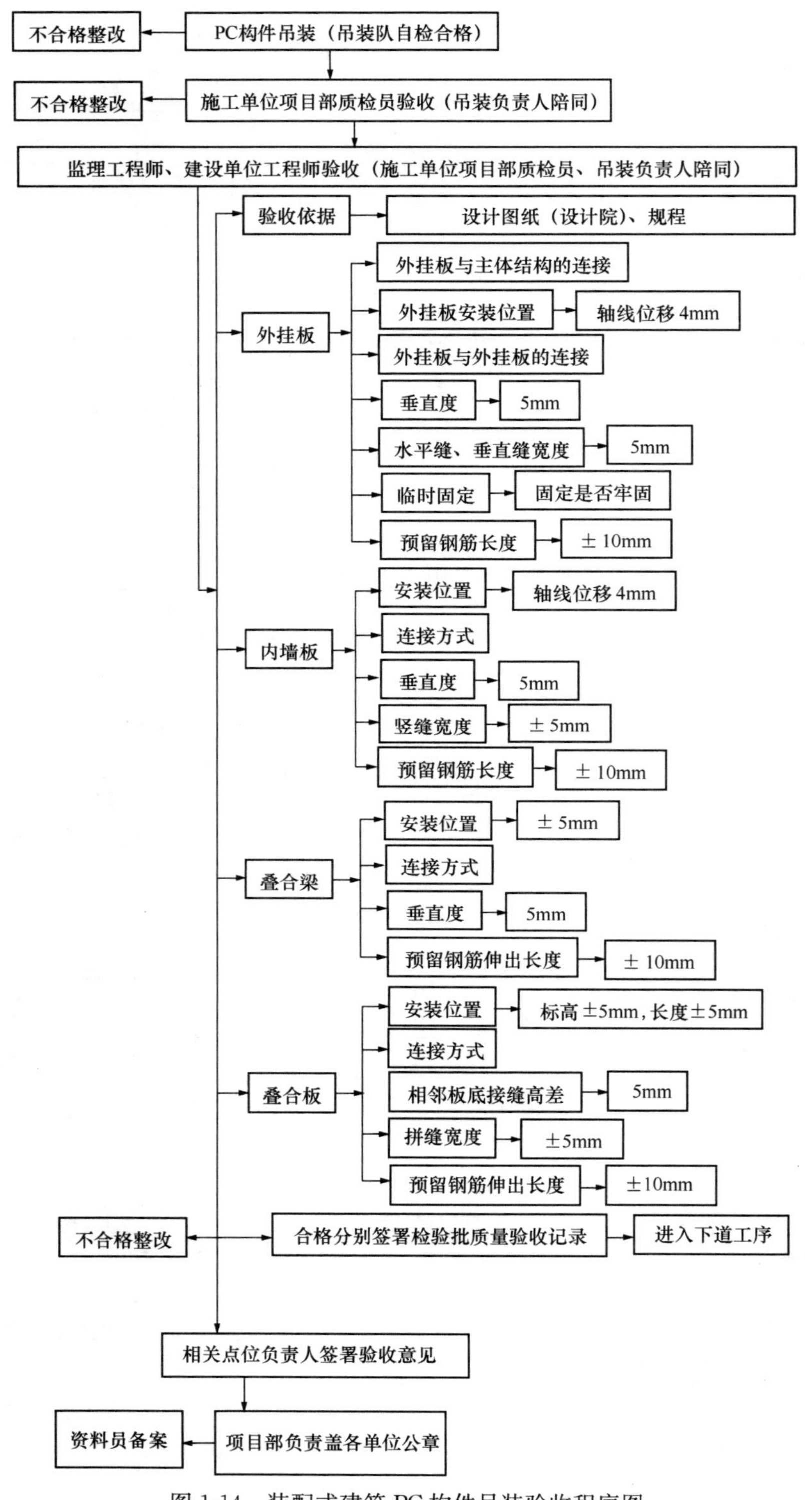

图 1-14　装配式建筑 PC 构件吊装验收程序图

14. 分部验收监理工作程序（图 1-15）

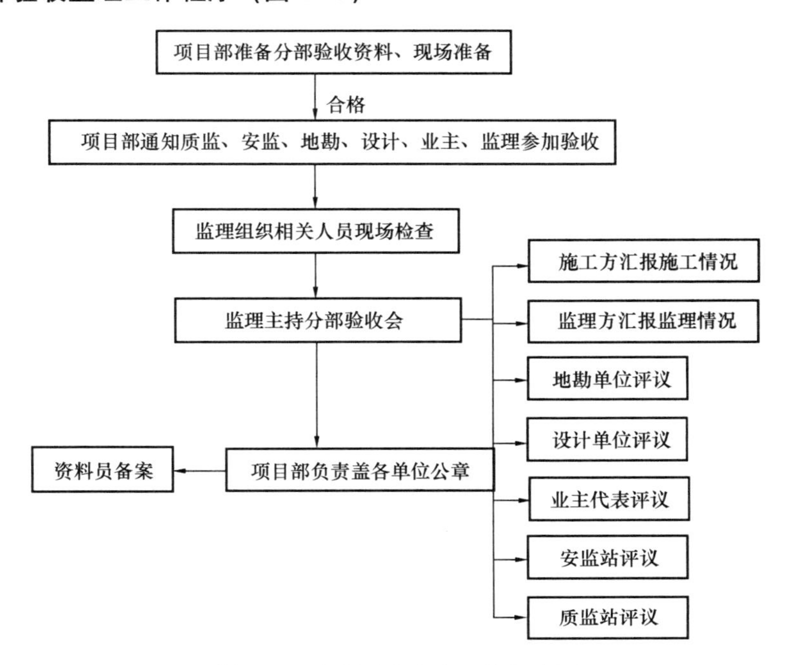

图 1-15　分部验收监理工作程序图

15. 分户验收监理工作程序（图 1-16）

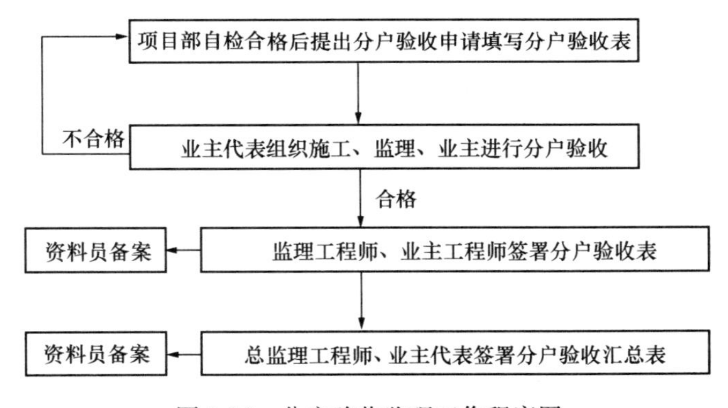

图 1-16　分户验收监理工作程序图

1.2　监理细则的编制要点

1.2.1　土建专业监理实施细则

1. 工程概况

工程名称、项目建设单位、建设地址、占地面积、工程项目的组成及规模等。

2. 工程质量监控的依据

(1) 承包合同文件及监理合同。

(2) 工程质量的有关法律、法规。

(3) 工程设计及变更文件。

(4) 工程各项质检评定标准。

(5) 施工的工艺标准。

(6) 工程材料、设备的检测技术要求及规定。

3. 工程特点

装配式建筑工程定义为等效框架一剪力墙结构，地下部分采用传统结构，地上部分采用叠合板、叠合梁、内外墙板预制与现浇相结合的结构型式（见PC构件监理细则）。

4. 质量监理实施方案

(1) 坚持质量第一，严格掌握质量标准，一切用数据说话，坚持以事前控制（预防）为主。根据《建设工程监理规范》GB/T 50319—2013，我们将通过见证取样、旁站、巡视、平行检验等手段对本工程的施工质量进行全过程监理。要求施工单位推行全面质量管理，建立健全质量保证体系，做到开工有报告，施工有措施，技术有交底，定位有复查，材料、设备有试验，隐蔽工程有记录，质量有自检、专检，交工有资料。

(2) 质量控制措施：在监理质量控制过程中，我们坚持事前控制为主，经常地、有目的地对承包单位的施工过程进行巡视检查、检测。对施工过程出现的质量问题和质量隐患，监理工程师采用照相、摄影等手段予以记录。对于隐蔽工程，施工单位完工后经检查合格方可进行下道工序施工，必要时须会同业主、设计、质监等部门一起检查，对于隐蔽工程的隐蔽过程、下道工序完工后难以检查的重点部位，如混凝土浇筑过程，有专业的监理人员旁站监理；对于施工过程中出现的质量缺陷，专业监理工程师及时通知承包单位整改，并检查整改结果，必要时现场监督整改。监理人员发现施工中存在重大质量隐患，可能造成质量事故或已经造成质量事故时，应通过总监理工程师下达工程暂停令，要求承包单位停工整改，整改完毕并经监理人员复查，符合规定要求后，总监理工程师应及时签署工程复工报审表。几个主要环节质量控制的重点见表1-1～表1-4。

现场原材料质量控制要点 **表1-1**

序号	控制项目		控制内容
1	准备工作		(1) 熟悉有关图纸和技术资料、了解设计对材料所提出的规格品种和质量要求。 (2) 进行市场调查，确定订货渠道、生产厂家和运输方式；必要时应确定供货样品，以便对照样品进货。 (3) 搞好现场材料的平面布置规划，根据不同施工阶段，合理调整堆料场地位置，保持道路畅通，减少二次搬运。 (4) 建立健全现场材料的管理责任制、定期检查考核
2	大堆材料（砖、砂、石等）	进场验收	(1) 检查材料的质量和规格（包括砂、石料的级配）是否符合设计要求，须送样到有关部门试验，合格后方可验收使用。 (2) 材料数量的验收管好不同材料和运输方式进行，如砖按皮进行验收，砂、石按标准或实量方量进行验收
		妥善保管	按材料品种、规格分别存放、场地要平整、结实不倒垛，砖一般每垛二百块；砂、石尽量高堆；料场宜设在已硬化场地处

续表

序号	控制项目		控制内容
3	水泥	验收	（1）袋装水泥在现场点数验收，并抽袋验斤。 （2）散装水泥用车运输，出厂过磅，在现场敲打卸净。 （3）验收时要索取出厂质量证明，并核对质量、标号、出厂日期、出厂编号，应按批次取样到有关部门试验，合格后方可使用
		保管	（1）水泥一般要建库存放保管，露天存放时必须盖垫做到防雨防潮、按品种、规格、标号、出厂批量分别码放。 （2）坚持先进先出，专人保管。 （3）当水泥出厂超过三个月（快硬硅酸盐水泥超过一个月）时，应复查试验，并按试验结果使用
4	钢筋	验收	（1）索取出厂质量证明或试验报告单，钢筋表面或每捆（盘）钢筋均应有标志。进场时应按炉罐（批）号及直径大小分批检验。检验内容包括查对标志、感观检查，并按现行国家有关标准的规定抽取试样作力学性能试验，合格后方可使用。 （2）钢筋在加工过程中，如发现脆断、焊接性能不良或力学性能显著不正常等现象，应根据现行国家标准对该批钢筋进行化学成分检验或其他专项检验
		储存	不得损坏标志，并应按批分别堆放整齐，避免锈蚀或油污，尽量做到不露天存放
5	模板		对模板及其支架应定期维修，钢模板及钢支架应防止锈蚀
6	铁活（预埋件、楼梯、栏杆）		（1）按单位工程建立铁活台账，记录铁活的品种、规格、计划数量、进场量、已耗量。 （2）检查外观质量，有必要时可采用相应的检测手段进行检测。 （3）铁活一般露天存放，精密的存入库棚，所有铁活用垫楞垫起30～50cm，小件的搭设平台，分类码放，挂牌注明品名、规格等
7	塑钢、木门窗		（1）详细检查其品种、型号、尺寸和加工质量是否符合设计要求和质量标准。 （2）木门窗及存放时间短的钢门可露天存放，用垫木垫高 30cm，按品种、型号码放整齐，盖好，防止雨淋日晒。 （3）木门窗扇、木附件及存放时间长的塑钢门窗要存入库棚，挂牌标明品名、规格、数量

模板工程质量控制要点 **表 1-2**

序号	控制项目	控 制 内 容
1	模板安装	（1）熟悉有关图纸和技术资料。 （2）熟悉操作规程和质量标准。 （3）模板及其支架须符合选区材和材质的有关要求，同时还须符合下列规定：1）保证工程结构和构件各部分形状尺寸和相互位置的正确；2）具有足够的承载力、刚度和稳定性；3）构造简单、装拆方便，便于后续工序的施工；4）接缝不应漏浆；5）清水混凝土的模板刚度须满足在浇筑混凝土时不变形，模板表面清洁。 （4）大模板的设计、制作和施工应符合国家现行标准的相应规定。 （5）模板与混凝土的接触面应涂隔离剂，严禁隔离剂玷污钢筋与混凝土接槎处，不能使用废机油作隔离剂。 （6）底板抄平放线。 （7）操作人员进行技术交底。

续表

序号	控制项目	控制内容
1	模板安装	(8) 竖向模板和支架的支承部分当安装在基土上时应加设垫板，且基土必须坚实并有排水措施。 (9) 现浇钢筋混凝土梁、板，当跨度等于或大于4m时，模板应起拱，当设计无具体要求时，起拱高度为全跨长度的1/1000～3/1000。 (10) 现浇多层房屋和构筑物，应采取分层分段支模的方法，安装上层模板及其支架应符合：1) 下层楼板应具有承受上层荷载的承载能力或加设支架支撑；2) 上层支架的立柱应对准下层支架的立柱，并铺设垫板；3) 当层间高度大于5m时，宜选用托架支模或多层支架支模；4) 固定在模板上的预埋件和预留孔洞均不能遗漏，安装必须牢固，位置准确；5) 注意控制模板安装的偏差
2	模板拆除	(1) 模板及支架拆除时的混凝土强度应符合设计和有关规范的要求。 (2) 拆除时应注意保护混凝土表面及棱角
3	质量评定	执行有关质量验评标准
4	资料整理	(1) 预埋件隐蔽记录。 (2) 施工记录。 (3) 自检记录。 (4) 质量评定记录

钢筋工程质量控制要点 **表1-3**

序号	控制项目	控制内容
1	准备工作	(1) 熟悉有关图纸、技术资料、操作规程和质量标准。 (2) 选购钢筋、钢板和型钢，出具出厂质量证明书或试验报告单。进场时应分批次见证取样，检验合格后方可使用。储存时应分批堆放整齐，避免锈蚀或油污。 (3) 焊条出具合格证。 (4) 加工及焊接设备准备，注意保养。 (5) 有关操作人员应有相应的上岗证。上岗前对操作人员进行技术交底
2	钢筋加工	(1) 钢筋的级别、种类和直径应按设计要求采用，不得擅自代换。加工的形状、尺寸须符合设计要求。 (2) 钢筋的表面应洁净，无损伤。油渍、漆污和铁锈等应在使用前清除干净，带有颗粒状或片状老锈的钢筋不得使用。 (3) 钢筋应平直，无局部弯折。调直钢筋时应符合有关规定。 (4) 钢筋弯钩或弯折应符合规定
3	钢筋焊接	(1) 根据构件的受力特性、抗震要求、钢筋等级和直径等判断是否应采用焊接。 (2) 钢筋焊接的接头形式、焊接工艺和质量验收应符合设计和《钢筋焊接及验收规程》JGJ 18—2012的规定。

续表

序号	控制项目	控制内容
3	钢筋焊接	(3) 焊接前须根据施工条件进行试焊，合格后方可施焊。 (4) 热轧钢筋的对接焊接，可采用闪光对焊、电弧焊、电渣压力焊或气压焊；钢筋骨架和钢筋网片的交叉接点宜采用电阻点焊；钢筋与钢板的T形连接，宜采用埋弧压力焊或电弧焊。 (5) 当受力钢筋采用焊接接头时，设置在同一构件内的焊接接头应相互错开，接头的位置应符合有关规定。 (6) 焊接接头距钢筋弯折处，不应小于钢筋直径的10倍，且不应位于构件的最大弯矩处。对有抗震要求的钢筋接头，不宜设在梁端、柱端的箍筋加密区范围内
4	钢筋绑扎与安装	(1) 钢筋的绑扎应符合：1) 钢筋的交叉点应采用铁丝扎牢；2) 板和墙的钢筋网，除靠近外围两行钢筋的相交点全部扎牢外中间部分交叉点可间接交错扎牢；双向受力钢筋，必须全部扎牢；3) 梁和柱的箍筋，应与受力钢筋垂直设置，箍筋弯钩叠合处，应沿受力钢筋方向错开设置；4) 在柱中竖向钢筋搭接时，钢筋的弯钩平面与模板面的夹角应符合规范的有关规定。 (2) 绑扎网和绑扎骨架外形尺寸的偏差应控制在规范允许范围内。 (3) 钢筋绑扎接头的搭接长度和末端弯钩应符合规范的有关规定；钢筋搭接处，应在中心和两端用铁丝扎牢。 (4) 各受力钢筋之间的绑扎接头位置应相互错开。 (5) 受力钢筋的混凝土保护层厚度应符合设计或规范要求。 (6) 安装钢筋时，配置钢筋级别、直径、根数和间距均应符合设计要求
5	质量评定	执行有关质量验评标准不合格的要返工处理
6	资料整理	(1) 钢筋、焊条及焊剂合格证，钢筋复检报告及焊件试验报告。 (2) 钢筋代用单。 (3) 施工记录。 (4) 自检记录。 (5) 隐蔽验收记录。 (6) 质量评定记录

混凝土工程质量控制要点 **表 1-4**

序号	控制项目	控制内容
1	准备工作	(1) 熟悉有关图纸、技术资料、操作规程和质量标准。 (2) 选购水泥、进场须有出厂合格证或进场试验报告，并应对其品种、标号、包装或散装仓号、出厂日期等检查验收。当对水泥质量有怀疑或水泥出厂超过三个月时，应复查试验。 (3) 粗、细骨料准备注意粗骨料的最大粒径和级配。进场后按品种、规格分别堆放，不得混杂，骨料中严禁混入煅烧过的白云石或灰块。 (4) 外加剂及掺合料根据需要准备。 (5) 通过试配确定配合比，注意有无抗冻、抗渗要求，是否采用泵送。 (6) 采用商品混凝土。 (7) 对模板内的杂物和钢筋上的油污等应清理干净，对模板的缝隙和孔洞应予堵严，对木模板应浇水湿润。但不得有积水。 (8) 浇筑前对模板及其支架、钢筋和预埋件等进行检查和专业会签。 (9) 对操作人员进行技术交底

续表

序号	控制项目	控制内容
2	混凝土拌制或采用商品混凝土	（1）须保证原材料称量的准确。 （2）混凝土搅拌的最短时间需符合有关要求。 （3）商品混凝土检查其配合比、原材料实验报告、出厂合格证
3	混凝土运输和浇筑	（1）混凝土应以最少的转运次数和最短的时间，从搅拌地点运至浇筑地点。到达浇筑地点应符合浇筑时规定的坍落度，当有离析现象时，还须在浇筑前进行二次搅拌。 （2）采用泵送混凝土时：1）输送管线宜直，转弯宜缓，接头应严密，如管道向下倾斜，应防止混入空气，产生阻塞；2）泵送前应先用适量的与混凝土成分相同的水泥浆或水泥砂浆润滑输送内壁；3）预计泵送间歇时间超过 45mim 或当混凝土出现离析现象时，应立即用压力水或其他方法冲洗管内残留的混凝土；4）在泵送过程中，受料斗内应具有足够的混凝土，以防止吸入空气产生阻塞。 （3）在地基或土上浇筑混凝土时应清除淤泥和杂物并应有排水和防水措施。对干燥的非黏性土，应用水湿润；对未风化的，岩石，应用水清洗，但其表面不得留有积水。 （4）混凝土自高处倾落的自由高度，不应超过 2m。当浇筑超过 3m，筑应有串筒、溜管或振动溜管使混凝土下落。 （5）浇筑层的厚度按捣实混凝土的方法不同而加以控制。 （6）浇筑混凝土应连续进行，避免出现冷缝。 （7）采用振捣器捣实混凝土时：1）每一振点的振捣延续时间，应使混凝土表面呈现浮浆和不再沉落；2）当采用插入式振捣器时应注意控制移动间距，避免碰撞钢筋、模板、芯管、吊环预埋件或空心胶囊等；振捣器插入下层混凝土内的深度不小于 50mm；3）采用表面振捣器时，其移动间距应保证振动器的平板能覆盖已振实部分边缘。 （8）木工、钢筋工跟班检查，当发现有变形、移位时，应及时采取措施进行处理。 （9）施工缝的位置宜留置在结构受剪力较小且便于施工的部位其具体位置应在施工前按有关规定确定。在施工缝处继续浇筑混凝土时，应按规定作相应的处理。 （10）冬季施工应按有关规定进行。 （11）按规定预留混凝土试块
4	养护	对已浇筑完毕的混凝土，应加以覆盖和浇水养护
5	质量评定	执行有关质量验收标准对缺陷进行修整，不合格的应返工处理
6	资料整理	（1）材料合格证及试验报告。 （2）试块的试压报告。 （3）隐蔽工程验收记录。 （4）施工记录。 （5）自检记录。 （6）质量评定记录

1.2.2 装配式构件监理实施细则

1. 工程概况

工程名称、项目建设单位、建设地址、占地面积、工程项目的组成及规模等。

2. 监理工作方法、措施

PC 构件属于新型设计、新型结构，为更好地保证工程质量，分别从设计阶段、生产阶段、吊装阶段进行控制。

（1）设计阶段

要求 PC 构件生产厂家根据经审查的施工图，编制 PC 构件生产加工图，并要求 PC

构件生产厂家将生产加工图分别提供给施工单位、建设单位、监理单位进行审核，审核的要点如下：

1）受力钢筋的布设是否满足原施工图要求；

2）线管、箱体、插座、灯具、开关底盒预埋图是否满足原施工图要求；

3）烟道、管井、上下水管、煤气等预留洞口或预埋套管是否满足原施工图要求；

4）预留、预埋处钢筋加强是否满足规范要求；

5）PC 构件的几何尺寸是否满足原施工图要求。

（2）生产阶段

PC 构件在厂家生产，为保证质量，派监理人员驻工厂现场监造，控制要点如下：

1）原材料质量控制：检查钢筋、水泥、预埋线管是否符合合同规定品牌；钢筋、水泥、砂、石按批量进行见证取样送检；复核检验报告，合格材料才允许使用；

2）隐蔽工程质量控制：根据审核后的生产加工图检查 PC 构件的几何尺寸、钢筋制作绑扎、预留预埋是否到位，验收合格后签署隐蔽工程报验单、混凝土浇灌令；

3）混凝土质量控制：检查混凝土配比是否与每块构件要求的混凝土强度相符，混凝土浇捣是否密实，混凝土养护是否到位，混凝土试块是否按规范留置，混凝土试块见证取样送检，复核检验报告；

4）PC 构件出厂检验：每块 PC 构件按栋号、按楼层、按部位编号，检验合格后贴标签堆放，不合格构件不准出厂。

（3）吊装阶段

为确保吊装质量，重点控制如下环节：

1）要求不合格的 PC 构件严禁起吊、使用；

2）吊装过程，要求塔式起重机指挥分别在起吊点、安放点同时到位；

3）叠合板吊装，要求按编号，从一个端部向另一个端部顺序吊装，便于安装临边防护栏杆；

4）每一块叠合板在下部支撑到位后才能取吊钩；

5）临边叠合板吊装完成，临边防护栏杆必须及时跟进；

6）外挂板吊装，要求按编号，沿周边顺序吊装，便于安装阳台临边防护栏杆；

7）每一块外挂板在斜撑到位后才能取吊钩；

8）外挂板吊装就位后，阳台临边防护栏杆必须及时跟进；

9）内墙板吊装前必须先画线定位，吊装时必须坐浆，斜撑到位后才能取吊钩；

10）叠合梁吊装在下部支撑到位后才能取吊钩；

11）对板与板之间、梁与柱之间、梁与板之间、板与柱之间的节点处理须加强控制。

3. 装配式构件叠合结构的监理难点与建议

（1）工程特点与难点

1）PC 构件叠合结构为等效框架剪力墙结构，无外架施工；

2）叠合梁、外挂板、叠合板、阳台板、空调板、内隔墙板均在工地以外的工厂内生产；

3）PC 构件吊装使用的塔式起重机均为 65 系列以上的塔式起重机，传统房建项目使用较少；

4）PC 构件吊装对剪力墙钢筋容易产生偏位；

5）无外架施工可减少外架的日常维护管理，但吊装过程中临边防护大大增加监管难度；

6）PC 构件叠合结构减少砌体与抹灰工程，但板与板之间的缝隙处理难度加大；

7）PC 构件叠合结构可减少现场施工人员，但对施工人员的素质要求较高，项目前期，因作业人员不熟练、各工序交接不顺畅，20 多天才完成一层，后续工程也做到 6～7 天一层。

（2）监理工作要点

1）设计方面存在缺陷，节点设计在设计阶段与施工过程中存在或多或少的问题，及时与设计院、PC 构件工艺设计方沟通，不断完善；

2）驻厂监造：因 PC 构件在工地以外的工厂生产，钢筋隐蔽、混凝土配比、水电预留预埋派监理人员常驻工厂监理；

3）PC 构件验收：PC 构件在生产和运输过程中有可能出现质量问题，现场监理工程师加强验收，叠合板、阳台板、空调板吊装完成后逐一组织验收（因板在运输车上堆叠不便验收），外挂板、内隔墙板吊装完成后逐一验收（因板在运输车上竖叠不便验收）；

4）钢筋隐蔽验收：因叠合梁吊装时预留钢筋与剪力墙柱水平环箍相冲突，要求施工单位水平环箍先扎至梁底，叠合梁吊装完成再扎上面几道环箍；因叠合板吊装时预留钢筋与剪力墙竖向钢筋相冲突，要求施工单位在绑扎楼面钢筋前整改剪力墙钢筋并验收；

5）机械设备监理：PC 构件吊装选用的都是大型塔式起重机，重点检查塔式起重机安拆方案、塔式起重机基础、塔式起重机安拆单位与人员资质，塔式起重机附着处墙柱加强筋重点验收，加强日常巡视，检查钢丝绳、塔式起重机司机与司索人员持证上岗情况；

6）临边防护监理：PC 构件叠合结构无外架施工，临边防护尤为重要。在叠合楼板吊装过程中要求水平防护栏杆及时跟进，在外挂板吊装时才能拆除防护栏杆，外挂板吊装人员必须系安全带与安全绳，在建筑四周设置安全隔区。

（3）建议

1）人员培训：PC 构件叠合为新型结构模式，产业工人与现场管理都面临挑战，产业工人的熟练程度直接关系到质量、进度、安全。现场管理人员的熟练程度关系到项目关键工序与关键部位的把控程度。建议组织相关的培训工作；

2）裂缝控制：板与板之间的拼缝在装饰装修阶段易产生裂缝，对住宅交房带来困难，建议开发保证不开裂的填缝材料与填缝工艺；

3）安全控制：PC 构件叠合结构没有完善的安全规范规程，而吊装过程存在较大的安全风险，建议出台详细的安全操作规程。

1.2.3　安装专业监理实施细则

1. 工程概况

工程名称、项目建设单位、建设地址、占地面积、工程项目的组成及规模等。

2. 工程质量监控的依据

（1）承包合同文件及监理合同。

（2）工程质量的有关法律、法规。

（3）工程设计及变更文件。

（4）工程各项质检评定标准。

（5）施工的工艺标准。

（6）工程材料、设备的检测技术要求及规定。

3. 工程的特点

由于装配式工程预制构件精度高，质量要求也高，工作内容及施工中专业众多，而各专业系统间也是相互交叉、相融的，所以各专业间的配合尤其显得十分重要。如果不进行专业的施工配合，难免存在相互在安装空间上、时间上相互抢工的情况。针对装配式工程的特点，为确保安装分项工程质量控制目标达到预期效果，特制定安装监理实施细则。

4. 监理工作方法、措施及控制要点

安装工程的监理要实现工程质量、工程进度、工程投资的合理控制，必须加强工程质量的监控和管理，以此来保证工程进度的正常进行，减少工程的不合格率及返工现象，才能使工程投资控制得以实现，工程质量监控的依据：有关承包合同文件及监理合同，有关安装专业工程质量的法律、法规，专业工程设计及变更文件，专业安装工程各项质检评定标准，专业安装施工的工艺标准，专业安装的工程材料、设备的检测技术要求及规定。

监理工程师正确运用上述文件，切实认真地做好安装专业的质量控制工作。安装施工阶段是设计蓝图变为实物的具体阶段，每做一步都与工程质量息息相关，监理工程师在此阶段应着重把控以下环节：

（1）施工准备阶段

1）设计交底

① 收到建设单位转交的施工图后，在总监理工程师的组织下对安装各专业施工图进行预审，提出意见和建议，由总监理工程师汇总以“监理工作联系单”提交建设单位，为正式会审做准备。

② 参与建设单位组织的图纸会审与设计交底，做好记录，并由承包单位编写“施工图纸会审与设计交底会议纪要”，将设计图纸上的错漏碰缺在交底纪要上予以明确，若有重大变更，应由设计院尽快做出修改设计。

2）进一步熟悉图纸，配合承包单位解决各专业的配合问题

监理工程师在进一步熟悉专业施工图纸的情况下，在安装施工阶段积极配合承建单位，克服施工通病，合理解决各专业施工中有相互影响和工序矛盾的配合问题。给水排水专业的消防系统、给水排水系统，电气安装专业的防雷接地、变配电、电缆敷设以及照明动力联动控制系统、弱电、智能网络系统等，在各专业施工准备阶段，监理工程师应会同承包单位对施工图各系统仔细核对，特别是位置、标高、管、线的暗敷交越等，要求承包单位针对各专业的特点，画出综合布管、配线的施工作业图，否则，会引起安装过程中往返用工，既耽误工期又增加投资，甚至会影响安装质量。另外，监理工程师还应会同承包单位核对各专业安装图与土建预留、预埋图，避免凿墙打洞，造成漏水情况。

3）审查施工组织设计

施工准备阶段，监理工程师还应督促承包单位编制详细的施工组织设计，监理工程师及时审查，在报审表上写出审查意见，并经总监理工程师审定后，报建设单位核批实施。

施工组织设计是承包单位施工指导文件，也是监理工程师检查施工与日后结算的依据之一。监理工程师在审批施工组织设计时，要特别注意施工方案是否可行，是否符合规范要求，是否会增加投资。

（2）原材料采购与进场验收阶段

1）用于工程上的帮材料质量是工程质量的重要保证，工程所需的材料、器件与设备，应由监理进行质量认定，对重要材料、器件及设备的生产工艺、质量控制、检测手段、管理水平，必要时应到生产厂家实地考察，以便货比三家确定订货单位。对不符合质量要求的材料、器件和设备，监理单位有权要求生产或供应单位退货。目前由于供货厂家繁多，同类产品的质量也参差不齐。因此，监理工程师应协助业主或督促承建单位，严格把关，并形成会议纪要。

2）工程材料进场应仔细核对是否符合设计规定和合同要求，其要求验查的检验报告及质量证明文件是否齐全，型号、规格、产品的出厂证、合格证及认证标志是否符合，若是消防产品还需消防主管部门的备案资料。不合格产品一律不准进场，合格材料要求承包单位填写工程材料/构配件/设备报审表，监理工程师审查签字。

3）工程材料按规范要求应做抽样送检，用于室内外给水阀门使用前应做强度试验与严密性试验，每批阀门应以同牌号、同规格、同型号数量中抽查10%，且不少于1个，如有漏裂再抽20%，仍不合格的，则逐个试验，在主管上起切断作用的闭路阀门应逐个试验，检验报告附于工程材料/构配件/设备报审表后。

（3）隐蔽工程验收阶段

隐蔽工程是整个安装施工过程中关键的工序部分，质量的好坏直接影响和导致安装工程质量的安全和使用期限，应严格把关。

（4）安装过程的质量控制

在专业安装施工中进行安装质量的跟踪监控，对安装各工序间的交接进行严格检查，同时建立安装质量的跟踪档案，这一过程周期长、工作量大，因此监理工程师应经常巡视现场，发现问题及时指出并督促承包单位整改。

（5）成品保护

在施工阶段，队伍较多，人员也很复杂，成品保护显得尤为重要，监理工程师应提醒承包单位，任何设施和设备未经竣工验收均由承包单位负责，促使承包单位对安装成品的保护工作加大保护措施的力度。

（6）系统调试及试运行阶段

系统调试是检验安装质量与材料设备质量的关键，为竣工验收创造条件。给水排水专业的调试包括水压试验、试车、灌水试验、通水试验、清洗与消毒等。电气安装的调试及试运行，包括变配电装置的通电试运行，电气照明及动力的运行试验，防雷接地及电气接地电阻的遥测，弱电系统的调试等等。在此阶段监理工程师应旁站监督并签认试验记录。

（7）给排水专业的调试阶段

1）水压试验：水压试验包括系统的强度试验和严密性试验，水压试验若设计无要求，严密性试验压力为系统的工作压力，强度试验参照表1-5、表1-6执行。试压合格后，要求承包单位填写“管道（设备）试验记录”，监理工程师与建设方代表签字。

室外压力管道强度试验的试验压力表（MPa）　　**表 1-5**

管材种类	工作压力 P	试验压力
钢管	P	P+0.5 且不应小于 0.9
铸铁管及球墨铸铁管	≤0.5 >0.5	2P P+0.5
预应力、自应力混凝土管	≤0.6 >0.6	1.5P P+0.3
现浇钢筋混凝土管渠	≥0.1	1.5P

室内压力管道强度试验的试验压力表（MPa）　　**表 1-6**

系统类型	工作压力	强度试验压力	稳压时间	允许压降
室内给水（金属管、复合管）	P	1.5P 且不小于 0.6	10min	0.02
室内给水（塑料管）	P	1.5P 且不小于 0.6	1h	0.05
室内消火栓	P≤1.0	1.5P 且不小于 0.6	10min	0.02
自动喷水	P>1.0	1.5P 且不小于 1.4 或 P+0.4	30min 30min	0.05 0.05
室内热水	P	1.5P 且不小于 0.6	10min	0.05

2）试车：系统管网通过水压试验后即可试车，试车前，监理工程师应组织安装单位与设备厂家仔细检查电气设备是否正常，管道支吊架是否到位，水池是否有水，吸水管上阀门是否开启，系统管网是否有泄压出水点。做好准备后首先应点动水泵，检查水泵是否反转、是否卡堵、是否有异声，一切正常后即可启动水泵，渐渐开启出水阀门至全开，观察水泵运转状况并做好试车记录。若系统采用变频调速供水，还应在系统设定压力下，检测各水泵能否根据管网流量的增加而自动投入，根据管网流量的减少而自动停泵。消火栓与自动喷水等消防系统还应与自控联动配合进行试车。合格后有承包单位填写“设备运行记录”，监理工程师与建设方代表签字认可。

3）灌水试验：灌水试验主要是用于检测埋地出户排水管道是否渗漏。在室外排水检查中处将出户管口堵死，用自来水从首层地漏处将该排水管灌满至地漏高度，15min 后液面不下降即为合格。合格后由承包单位填写“室外（室内暗敷）排水管道灌水试验记录”监理工程师与建设方代表签字认可。

4）通水试验：通水试验主要是检测室内排水管道是否顺畅，是否渗漏。给水系统同时开放 1/3 配水口无渗漏即为合格。合格后由承包单位填写“室内排水管道通水试验记录”，监理工程师与建设方代表签字认可。

5）管道清洗：管网应在试压合格后分段进行，冲洗顺序应先室外后室内，先地下后地上，室内部分按配水干管、配水管、配水支管的顺序进行。冲洗前应对系统的仪表采取保护措施，如自动喷水系统的止回阀和报警阀等应拆除，冲洗工作结束后应及时复位。管网冲洗一般用自来水，冲洗的水流方向与用水的水流方向一致，管网冲洗应连续进行，当出水口处的颜色、透明度与入口处基本一致时，管网即冲洗干净。合格后由承包单位填写“管道清洗记录”，监理工程师与建设方代表签字认可。

6）管网消毒：为保证生活用水的质量，生活给水管网采用含量不低于 20mg/L 氯离子浓度的清洁水浸泡24h，再次冲洗，直至水质管理部门取样化验合格为止。

（8）电气安装的调试与试运行阶段

1）变配电设备、装置的布线系统、继电器保护系统应运作正确、连接可靠，应做的各项交接试验与检查应符合《电气装置安装工程　电气设备交接试验标准》GB 50150—2016的规定，技术参数值符合设计要求。通电试运行合格后，由承包安装单位填写“设备交接试验运行记录”监理工程师与建设方代表签字认可。

2）电气照明及动力的运行试验。

（9）电气接地电阻测试

电气接地电阻测试，主要包括设备系统的保护接地、工作接地、系统的防雷接地及弱电系统的防静电接地等接地遥测，应使用校对准确的专用仪表，按其测量方式进行遥测，测试合格后还应附图说明由承包单位填写“接地电阻试验记录”，监理工程师与建设方代表签字认可。

（10）弱电系统的检测、调试

通信系统测试、信息网络系统检测、火灾自动报警及消防联动系统检测、安全防范系统的检测、电视、广播系统检测。

（11）竣工验收阶段

工程项目竣工验收是安装工程的一个主要阶段，也最后一个程序。通过竣工验收，总结安装经验，全面考核工程质量的结果。也是全面检查安装工程是否符合设计要求和施工质量的主要环节。监理工程师在竣工验收时，应核实竣工验收资料，并进行必要的复验和外观检查，对各分项、分部工程的质量做出评定，并填写竣工验收鉴定书，对消防系统还应配合消防部门组织消防专项验收。

1.2.4　脚手架监理实施细则

1. 工程概况

工程名称、项目建设单位、建设地址、占地面积、工程项目的组成及规模等。

2. 监理依据

（1）工程《监理规划》《建筑施工扣件式钢管脚手架安全技术规范》JGJ 130—2011。

（2）《建筑施工高处作业安全技术规范》JGJ 80—2016。

（3）《建筑施工安全检查标准》JGJ 59—2011。

（4）《建设工程安全监理手册》。

（5）现行国家安全生产方针、政策及各级政府安全生产法规。

（6）行业安全生产规范性文件、安全技术规范等。

（7）其他有关劳动保护、安全生产方面的规定、标准。

（8）现行国家安全生产方针、政策及各级政府安全生产法规。

（9）国家颁布的各项安全技术规范强制性标准。

（10）其他有关劳动保护、安全生产方面的规定标准。

（11）《施工现场安全生产保证体系》DGJ 08—19903—2003。

（12）《建筑施工安全检查标准》JGJ 59—2011。

3. 开工前的监理工作

（1）认真审核施工单位编制的施工组织设计，对脚手架安全技术措施和脚手架受力计算进行审查，确保脚手架施工安全，凡计算书中没有安全合格结论的应返工。

（2）督促施工单位制定各级安全生产责任制、安全管理目标、安全责任目标及安全生产检查制度。

（3）编制安全监理细则。

（4）认真核实“工程项目开工安全生产条件检查表”内容的完成情况，达不到要求的，督促整改。

（5）审查施工单位报送的作业人员的数量及上岗证是否符合要求。

4. 脚手架工程安全监理控制方法

（1）针对工地现场可能出现的安全问题，提醒施工单位引起重视，尽量做到事前控制。

（2）制定安全监理检查制度，及时检查发现安全隐患，对存在隐患通过下发监理工程师通知单或及时召开安全专题会议协调解决。

（3）按时检查脚手架每层段的验收工作，及时收集验收资料、材料合格证、准用证及相关各项资料。

（4）积极配合上级主管部门进行的脚手架施工检查，听取整改意见，督促施工单位按期落实，消除事故隐患。

（5）对检查未及时落实到位的，应以书面通知施工单位，并记入监理日记和监理小结。

（6）对有严重事故隐患的部位、问题将及时责令施工单位限期整改完毕，若施工单位对隐患、问题拖延整改，监理人员将做出停工整改处理，并报告建设单位，若施工单位对隐患、问题拒绝整改的将及时报告质监站，请上级主管部门严肃处理。

5. 对重大事故的处理

（1）事故发生后，必须及时向上级领导和主管部门报告，取得工作指示；

（2）配合施工单位做好保护现场、抢救人员等现场工作；

（3）参与召开事故现场调查会，了解事故发生的原因、过程，协助施工单位尽快做出书面调查报告，并做好笔记；

（4）督促施工单位做好事故整改的跟踪工作，发现隐患及时提出意见，协助建设行政主管部门对事故现场整改后的复检工作。

6. 脚手架监理控制工作

（1）脚手架材料控制工作

1）按规范规定和施工组织设计的要求对钢管、扣件、脚手板和安全网等进行检查验收，不合格产品不得使用；

2）检查脚手架钢管质量合格证、质量检验报告及直径、规格、型号是否符合施工组织设计要求，对有严重锈蚀、弯曲、压扁或有裂缝的钢管严禁使用；

3）检查新扣件生产许可证、法定检测单位的检测报告和产品质量合格证，对有裂缝、变形、滑丝的扣件严禁使用；

4）检查安全网各项指标应满足施工组织设计及规范要求；

5）检查脚手板的材料应符合规范和满足施工组织设计承载力要求，腐朽的脚手板不得使用。

（2）脚手架安装监理工作

1）脚手架的基础及扫地杆：脚手架地基与基础必须根据脚手架搭设的高度、搭设场地的地质情况，满足脚手架承载力，确保底部立杆的稳定性，使各立杆均匀受力，在立杆下部设置纵横两个方向的扫地杆，扫地杆离支座距离不超过 200mm。

2）立杆：立杆底部应设置底座或垫块，立杆除顶层顶步可采用搭接外，其余各层各步接头必须采用对接扣件对接，立杆顶端宜高出女儿墙上皮 1m，高出檐口上皮 1.5m，立杆必须用连墙件与建筑物可靠连接。

3）横杆：小横杆用直角扣件与立杆扣紧，第一挑应拉线使之平直。大横杆的接头应上、下错开布置在不同的立杆纵距的 1/3，紧贴小横杆与立杆用直角扣件扣紧。大横杆的水平偏差（高低差）不大于 $L/300$，且不大于 50mm。

4）脚手板：作业层脚手板应满铺、铺稳，离墙面 120～150mm；脚手板在两端、拐角处、平台两端及其他可能发生滑动的部位应给予固定，操作层外侧设置小于 180mm 的挡脚板。

5）拉结点设置：采用短钢管预埋在圈梁当中，埋深不少于 30cm，再用短钢管与内立杆直角扣件连接牢固。

6）剪刀撑：剪刀撑与地面呈 45°～60°夹角设置。在脚手架两端和转角处起每 9.0m 立杆设一道，剪刀撑的搭接长度不小于 1m，采用不少于 2 个旋转扣件固定，端部扣件盖板的边缘至杆距离不应小于 100mm；剪刀撑应沿脚手架高连续设置，剪刀撑除两端用旋转扣件与立杆扣紧外，中间与立杆的相交点均须扣结。

7）脚手架使用期间的监理工作：

对使用中的脚手架，应定期检查并作记录，发现隐患需通知限期整改完善，检查主要项目如下：

① 基础是否积水，底座是否松动，立杆是否悬空；

② 脚手架的整体和局垂直度偏差和立杆的沉降是否符合规范要求，特别是要注意脚手架的转角处和断口处的垂直度；

③ 扣件螺栓是否松动；

④ 脚手板是否松动、悬挑，特别检查接口及转角位置；与建筑物的连接件是否完好，有无松动、移动；

⑤ 外包安全网、外挑安全网、安全隔离设施、外侧挡板、栏杆等安全防护措施是否完整、牢固，能否正常发挥安全作用；

⑥ 脚手架的开口、断口和出入口应进行重点检查是否符合安全规范要求；

⑦ 检查脚手架的荷载情况，使其实际承载不超过设计荷载，脚手架上的施工材料应随用随运，施工荷载不得大于施工组织设计的承载要求；

⑧ 脚手架在使用期间，严禁拆除纵横不平杆、纵横扫地杆及连墙件；

⑨ 定期检查脚手架阶段验收情况，是否符合规范要求，验收作业人员及上岗证件等是否已变更。

（3）脚手架拆除阶段的监理工作

检查脚手架拆除施工是否符合安全规范要求，其检查的主要项目如下：

1）拆除脚手架时，地面应设置围栏和警戒标志，并派专人看守，严禁区非工作人员入内；

2）拆除作业必须由上而下逐层进行，严禁上下同时作业；

3）连墙件必须随脚手架逐层拆除，严禁先将连墙件整层或数层拆除后再拆除脚手架，分段拆除高差不应大于 2 步，如高差大于 2 步，应增设连墙壁件加固；

4）各构配件严禁抛掷至地面；

5）当脚手架采取分段、分立面拆除时，对不拆除的脚手架两端，应按规范规定设置连墙件和横向斜撑加固。

7. 脚手架的安全管理

建筑工地的现场安全管理应依照国家颁布的《安全生产法》、《建设工程安全生产管理条例》及地方的有关规定，全面做好本工程的安全管理工作。

（1）认真审查施工单位报送来的施工组织设计中的安全技术措施及各专项施工方案是否符合工程建设强制性标准，对不符合要求的部分必须返回施工单位进行修改，施工组织设计、方案未得到批准以前，不允许开工；

（2）监理人员将每天对脚手架工程进行安全检查，发现安全隐患及时指出并责令整改；

（3）对工地出现的所有不安全的隐患，监理人员将书面通知施工单位，要求限期整改完善；

（4）对安全隐患，若施工单位迟迟不能按监理通知单要求进行整改的，或在有关安全隐患的部位（工序）继续坚持施工的，监理人员将发出局部工序的停工令，并要求对安全隐患限期整改完毕同时通知建设单位，要求建设单位协助做好工地的安全管理；

（5）经监理人员多次指出，施工单位对安全隐患拒不整改或者不停止施工的，监理人员应及时向当地质监分站报告；

（6）通过工地施工例会，及时协调安全隐患中出现的有关难点、要点，采取有效措施，防止不安全事故发生。

1.2.5 塔式起重机施工监理实施细则

1. 工程概况

工程名称、项目建设单位、建设地址、占地面积、工程项目的组成及规模等。

2. 监理工作依据

（1）本工程《监理规划》。

（2）《中华人民共和国安全生产法》国家主席令　第 70 号。

（3）《建设工程安全生产管理条例》中华人民共和国国务院令第 393 号。

（4）《建筑施工安全检查标准》JGJ 59—2011。

（5）《施工现场临时用电安全技术规范》JGJ 46—2005。

（6）《建筑施工高处作业安全技术规范》JGJ 80—2016。

（7）《建筑机械使用安全技术规程》JGJ 33—2012。

3. 监理工作内容

（1）审核起重吊装工程施工组织设计方案

1）施工单位应制定安装、拆卸方案：定位平面图、回转半径、防护、装拆人员资质、分部整体验收要求，技术交底；

2）作业队伍应有资格证书；

3）应有作业指导书、安全责任制，安全防护措施；

4）塔式起重机应有指挥语言规定；

5）应有塔式起重机验收试验规定并有验收单，经负责人签字；

6）验收应做技术检查、空载试验、额定载荷试验；

7）应有使用的安全措施。

（2）塔式起重机现场监理要点

1）风速大于6级不得安装；

2）塔式起重机尾部与外围设施之间距离不小于0.5m；

3）满足设计要求的混凝土基础施工荷载及稳定性要求；

4）司机、指挥应持证上岗，按作业指导书工作；

5）应作日常维护与保养。

（3）塔式起重机各部件的具体监理控制要求

1）力矩限制器

① 选用机械型力矩限制器时，必须和该塔式起重机相适应（应选择同一种厂型）。

② 装有机械型力矩限制器的动臂变幅式塔式起重机，在每次变幅后，必须及时对超载限位的吨位，按照作业半径的允许载荷进行调整。

③ 进行安全检查时，若无条件测试力矩限制器的可靠性，可对塔式起重机安装后进行的试运转记录进行检查，确认塔式起重机当时对力矩限制器的测试结果符合要求，力矩限制器系统综合精度满足±5%的规定。

④ 超载限制器（起升载荷限制器）：按照规定有的塔式起重机机型同时装有超载限制器。当荷载达到额定起重量的90%时，发出报警信号；当起重量超过额定起重量时，应切断上升方向的电源，机构可作下降方向运动。进行安全检查时，应同时进行试验确认。

2）限位器

① 超高限位器：也称上升极限位置限制器，即当塔式起重机吊钩上升到极限位置时，自动切断起升机构的上升电源，机构可作下降运动，安全检查时应同时进行试验确认。

② 变幅限位器：包括小车变幅和动臂变幅，安全检查时应同时进行试验确认。

小车变幅：塔式起重机采用水平臂架，吊重悬挂在起重小车上，靠小车在臂架上水平移动实现变幅；下车变幅限位器是利用安装在起重臂头部和根部的两个行程开关及缓冲装置，对小车运行位置进行限定。

动臂变幅：塔式起重机变换作业半径（幅度），是依靠改变起重臂的仰角来实现的。通过装置触点的变化，将灯光信号传递到司机室的指示盘上。并指示仰角度数，当控制起重臂的仰角分别到了上下限位时，则分别压下限位开关切断电源，防止超过仰角造成塔式起重机失稳。现场做动作试验验证时，应由有经验的人员做监护指挥，防止发生事故。

③ 行走限位器：对轨道式塔式起重机控制运作时不发生出轨事故。安全检查时，应进行塔式起重机行走动作试验，碰撞限位器验证可靠性。

3）保险装置

① 吊钩保险装置：主要防止当塔式起重机工作时，重物下降被阻碍但吊钩仍继续下降而造成的索具脱钩事故。此装置是在吊钩开口处装设一弹簧压盖，压盖不能上开启只能向下压开，防止索具开口处脱出。

② 卷筒保险装置：主要防止当传动机构发生故障时，造成钢丝绳不能够在卷筒上顺排，以致越过卷筒端部凸缘，发生咬绳等事故。

③ 爬梯护圈：当爬梯的通道高度大于5m时，从平台以上2m处开始设置护圈。护圈应保持完好，不能出现过大变形和少圈、开焊等现象。当爬梯设于结构内部时，如爬梯与结构的间距小于1.2m，可不设护圈。

4）安装与拆卸

① 要求工作之前必须针对塔式起重机类型特点，说明书的要求，结合作业条件制定详细的施工方案，包括：作业程序、人员的数量及工作位置、配合作业的起重机械类型及工作位置，地锚的埋设、索具的准备和现场作业环境的防护等。对于自升塔的顶升工作，必须有吊臂和平衡臂保持平衡状态的具体要求和顶升过程中的顶升步骤及禁止回转作业的可靠措施。

② 塔式起重机的安装和拆卸工作必须由专业队伍并取得有关部门核发的资格证书的人员担任，并设专人指挥。

5）塔式起重机指挥

① 塔式起重机司机属特种作业人员，应经正式培训考核并取得合格证书。合格证或培训考核内容，必须与司机所驾驶吊车类型相符。

② 塔式起重机的信号指挥人员应经正式培训考核并取得合格证书。其信号应符合《起重吊运指挥信号》GB 5082—1985的规定。

6）基础

塔式起重机的基础施工应按设计图纸进行，其设计计算和施工详图应列入塔式起重机的专项施工组织设计内容之一，施工后应经验收并有记录。

7）电气安全

① 施工现场架空线路与塔式起重机的安全距离，按照临时用电规范规定："旋转臂架式起重机的任何部位或被吊物边缘与架空线路边线最小水平距离不得小于2m。"当小于此距离时，应按要求搭设防护架，夜间施工应有36V彩泡（或红色灯泡），当起重机作业半径在架空线路上方经过时，其线路的上方也应有防护措施。

② 现场采用TN-S系统，除作保护接零外，还应按临时用电规范规定做重复接地，其电阻值不大于10Ω。

③ 塔式起重机的保护接零和接地线必须分开。可将电源线送至塔式起重机道轨端部设分配电箱，由该箱引出PE线与道轨的重复接地线相连接，即相当于PE线通过轨轮与设备外壳连接。

8）安装验收

塔式起重机的试运转及验收分为三种情况：出厂前、大修后和重复使用安装后，这里主要指重复使用安装后试运转与验收。应包括以下几个部分。

① 技术检查：检查塔式起重机的紧固情况、滑轮与钢丝绳接触情况，电气线路、安全装置以及塔式起重机安装精度。在无载荷情况下，塔身与地面垂直度偏差不得超过千分

之三。

② 空载试验：按提升、回转、变幅分别进行动作试验，并作提升、回转联合动作试验。试验过程中碰撞各限位器，检验其灵敏度。

③ 额定载荷试验：吊臂在最小工作幅度，提升额定最大起重量，重物离地 20cm，保持 10min，离地距离不变（此时力矩限制器应发出报警讯号）。试验合格后，分别在最大、最小、中间工作幅度进行提升、回转动作试验及联合动作试验。

进行以上试验时，应用经纬仪在塔式起重机的两个方向观测塔式起重机变形及变形恢复情况、观察试验过程中有无异常现象，升温、漏油、油漆脱落等情况，进行记录、测定，最后确认合格可以投入运行。

对试运转及验收的参加人员和检测结果应有详细如实的记录，并由有关人员签字确认符合要求。

1.2.6 监理部日常工作计划

（1）建立安全检查各项制度，按照《建筑施工安全检查标准》JGJ 59—2011 标准以及有关消防法规、劳动法规实施、检查。

（2）对特种作业人员持证上岗检查，严禁无证或无效证件上岗与违章作业。

（3）项目施工中要经常对施工人员的遵章守纪进行检查，发现违反有关安全生产、文明施工的行为及时处理。

（4）发现隐患做到定人、定时、定措施，立即整改。

1.2.7 旁站监理实施细则

1. 工程概况

工程名称、项目建设单位、建设地址、占地面积、工程项目的组成及规模等。

2. 旁站监理的范围和内容（表 1-7）

监理旁站表 **表 1-7**

<table>
<tr><th colspan="2">旁站监理的范围</th><th>旁站监理的内容</th></tr>
<tr><td>基础工程</td><td>桩基施工</td><td rowspan="3">（1）是否按照技术标准、规范、规程和批准的设计文件、施工组织设计施工。
（2）是否使用合格的材料、构配件和设备。
（3）施工单位有关现场管理人员、质检人员是否在岗。
（4）施工操作人员的技术水平、操作条件是否满足施工工艺要求，特殊操作人员是否持证上岗。
（5）施工环境是否对工程质量产生不利影响。
（6）施工过程是否存在质量和安全隐患。对施工过程中出现的较大质量问题或质量隐患，旁站人员采用照相手段予以记录</td></tr>
<tr><td>结构工程</td><td>（1）混凝土采用商品混凝土，混凝土浇筑、振捣、强度等级（配合比、坍落度）。
（2）梁柱节点钢筋隐蔽过程（钢筋规格、型号、数量、锚固长度、箍筋规格、型号、数量、间距、加密情况、末端弯起长度、连接方式、位置、数量、长度、接头百分率等）</td></tr>
<tr><td>屋面及装修工程</td><td>（1）地下室、屋面、厨房、卫生间、阳台防水（材料、搭接长度、涂抹厚度）。
（2）外墙保温（材料、厚度、范围）</td></tr>
</table>

续表

旁站监理的范围		旁站监理的内容
水、电工程	（1）给水管道试压，排水管通水、通球试验。 （2）电气遥测、防雷接地测试	从其规定
机械设备	塔式起重机、施工电梯安装、拆除	从其规定

3. 旁站监理人员及职责

（1）旁站监理的人员

专业监理工程师和监理员（总监理工程师随即督促检查）。

（2）旁站监理人员的职责

1）检查施工企业现场质检人员到岗、特殊工种人员持证上岗以及施工机械、建筑材料准备情况。

2）在现场跟班监督关键部位、关键工序的施工方案执行情况以及工程建设强制性标准执行情况。

3）做好旁站监理记录和监理日记，保存旁站监理原始资料。

4. 旁站监理的程序和方式

（1）旁站监理的程序

1）施工单位根据监理单位制定的旁站监理方案，在需要实施旁站监理的关键部位、关键工序进行施工前24h书面通知项目监理机构，项目监理机构安排旁站监理人员按照旁站监理方案实施旁站监理。

2）对旁站监理人员进行旁站技术交底、配备旁站监理设施。

3）对施工单位人员、机械、材料、施工方案、安全措施及上一道工序质量报验等进行检查。

4）具备旁站监理条件时，旁站监理人员按照旁站监理的内容在施工现场跟班监督，及时发现和处理旁站监理过程中出现的质量问题，如实准确地做好旁站监理记录。凡旁站监理人员未在旁站监理记录上签字的，不得进行下一道工序施工。

5）旁站监理过程中，旁站监理人员发现施工单位有违反工程建设强制性标准行为的，有权责令施工单位立即整改，发现其施工活动已经或者可能危及工程质量的，应及时向总监理工程师报告，由总监理工程师下达局部暂停施工指令或者采取其他应急措施。

6）旁站结束后，旁站监理人员在旁站记录上签字。

（2）旁站监理的方式：采用全过程现场旁站监督、检查的方式。

5. 施工现场质量检查记录

施工单位按《建筑工程施工质量验收统一标准》GB 50300—2013 P10表进行填写，总监理工程师进行检查，并做出检查结论。

6. 旁站监理记录

旁站监理记录是监理工程师或者监理员依法行使有关签字权的重要依据。对于需要旁站监理的关键部位、关键工序施工，凡没有实施旁站监理或者没有旁站监理记录的，监理工程师或者总监理工程师不得在相应文件上签字。在工程竣工验收后，监理公司将旁站监理记录存档备案。

7. 旁站监理计划（表 1-8）

旁站监理计划表　　表 1-8

序号	旁站监理部位	旁站监理人员
1	桩基施工	监理员或专业监理工程师
2	基础混凝土浇筑	监理员或专业监理工程师
3	各楼层柱、板、楼梯混凝土浇筑	监理员或专业监理工程师
4	屋面梁板混凝土浇筑	监理员或专业监理工程师
5	后浇带混凝土浇筑	监理员或专业监理工程师
6	防水细部构造	监理员或专业监理工程师
7	外墙保温	监理员或专业监理工程师
8	给水管道试压，排水管通水、球试验	监理员或专业监理工程师
9	电气遥测、防雷接地测试	监理员或专业监理工程师
10	复杂的梁、柱节点钢筋绑扎	监理员或专业监理工程师
11	土方回填	监理员或专业监理工程师

8. 建筑材料见证及功能性检验旁站监理计划（表 1-9）

建筑材料见证及功能性检验旁站计划表　　表 1-9

序号	内　　容		见证人员
1	安全性检验	水泥	专业监理工程师
2		钢筋	专业监理工程师
3		砂	专业监理工程师
4		砂浆试块、混凝土抗压、抗渗试块	专业监理工程师
5		桩基检测	专业监理工程师
6		防水材料	专业监理工程师
1	功能性检验	屋面淋水试验	专业监理工程师
2		卫生间及其他有防水要求的结构蓄水试验	专业监理工程
3		建筑物垂直度、标高、全高测量	专业监理工程师
4		建筑物沉降观测	专业监理工程师

1.2.8 临时用电监理实施细则

1. 工程概况

工程名称、项目建设单位、建设地址、占地面积、工程项目的组成及规模等。

2. 编制依据

(1) 工程监理实施的《监理规划》。

(2)《施工现场临时用电安全技术规范》JGJ 46—2005。

(3)《建设工程施工现场供用电安全规范》GB 50194—2014。

（4）《建设工程安全监理手册》。
（5）现行国家安全生产方针、政策及各级政府安全生产法规。
（6）行业安全生产规范性文件、安全技术规范等。
（7）其他有关劳动保护、安全生产方面的规定、标准。
（8）现行国家安全生产方针、政策及各级政府安全生产法规。
（9）国家颁布的各项安全技术规范强制性标准。
（10）其他有关劳动保护、安全生产方面的规定标准。
（11）《施工现场安全生产保证体系》DBJ 08—19903—2003。
（12）《建筑施工安全检查标准》JGJ 59—2011。

3. 开工前的监理工作

（1）认真审核施工单位编制的施工组织设计，对临时用电安全技术措施和临时用电计算进行审查，确保施工临时用电的安全，凡计算书中没有安全合格结论的应返工；

（2）督促施工单位制定各级安全生产责任制、安全管理目标、安全责任目标及安全生产检查制度；

（3）审查施工单位报送的作业人员的数量及上岗证是否符合要求。

4. 临时用电工程安全监理控制方法

（1）安全监理，预防为主

1）针对工地现场可能出现的安全问题，提醒施工单位引起重视，尽量做到事前控制；

2）制定安全监理检查制度，及时检查发现安全隐患，对存在隐患通过下发监理工程师通知单或及时召开安全专题会议协调解决；

3）按时检查现场临时施工用电的验收工作，及时收集验收资料、材料合格证及相关各项资料；

4）积极配合上级主管部门进行施工临时用电检查，听取整改意见，督促施工单位按期落实，消除安全隐患；

5）对检查未及时落实到位的，应以书面通知施工单位，并记入监理日记和监理小结；

6）对有严重事故隐患的部位、问题将及时责令施工单位限期整改完毕，若施工单位对隐患、问题拖延整改，监理人员将做出停工整改处理，并报告建设单位，若施工单位对隐患、问题拒绝整改的将及时报告安监站，请上级主管部门严肃处理。

（2）对重大事故的处理

1）事故发生后，必须及时向上级领导和主管部门报告，取得工作指示；

2）配合施工单位做好保护现场、抢救人员等现场工作；

3）参与召开事故现场调查会，了解事故发生的原因、过程，协助施工单位尽快做出书面调查报告，并做好笔记；

4）督促施工单位做好事故整改的跟踪工作，发现隐患及时提出意见，协助建设行政主管部门对事故现场整改后的复检工作。

5. 临时施工用电的监理控制工作要点

（1）接地与接零保护系统核查要点

1）在施工现场专用的中性点直接接地的电力系统中必须采用 TN-S 接零保护系统。

2）施工现场每一处重复接地电阻值应不大于10Ω，不得少于3处（即总配电箱、线路的中间和末端处），重复接地线应与保护零线相连。接地电阻要求施工单位每月检测一次。

3）接地装置的接地线应采用两根以上导体，在不同点与接地体连接。垂直接地体应采用角钢、钢管或圆钢，不得采用螺纹钢材。

4）保护零线应由工作接地线、配电室的零线或第一级漏电保护器电源的零线引出。保护零线应单独敷设，不得装设任何开关与熔断器。保护零线应接至每一台用电设备的金属外壳（包括配电箱）。

5）保护零线的截面应不小于工作零线的截面，并使用统一标志的绿/黄双色线，任何情况下不得将绿/黄双色作负荷线。与电气设备相连的保护零线应为截面不小于2.5mm²的绝缘多股铜线。

6）保护零线与电气设备连接应采用铜鼻子等可靠连接，不采用铰接，电气设备接线柱应镀锌或涂防腐油脂；工作零线和保护零线在配电箱内应通过端子板连接，其中保护零线在其他地方不得有接头。

7）同一施工现场的电气设备不得一部分保护接零、一部分保护接地。

（2）配电箱、开关箱核查要点

1）施工现场配电系统应设置总配电箱（屏）、分配电箱、开关箱，实行三级配电、两级保护。分配电箱与开关箱的距离不得超过30m，开关箱与其控制的固定式用电设备的水平距离不得超过3m。配电箱周围应有足够两人同时工作的空间和通道。

2）开关箱应由末级分配电箱配电。动力配电箱与照明配电箱应分别设置。

3）每台用电设备应有各自专用的开关箱。开关箱内严禁用同一个开关电器直接控制两台及两台以上用电设备（含插座）。

4）所有配电箱内应在电源侧装设有明显断点的隔离开关，漏电保护应装设在电源隔离开关负极侧。分配电箱电保护器的额定漏电动作电流在50～75mA，开关箱漏电保护器的额定漏电动作电流不得大于30mA，手持式电动工具的漏电保护器额定漏电动作电流不得大于15mA；额定漏电动作时间均应小于0.1s。

5）配电箱进、出线应在箱底进出，并分路成束加PVC套管保护；配电箱内的连接应采用绝缘导线，排列整齐，不得有外露带电部分；箱内应设置铜质的保护零线端子板和工作零线端子板。

6）固定式配电箱安装高度底口距地面应大于1.3m，小于1.5m，安装牢固；移动式配电箱安装高度底口距地面应大于0.6m，小于1.5m，有固定的支架。

7）配电箱必须采用铁板制作，铁板厚度应大于1.5mm；配电箱应编号，表明其名称、用途、维修电工姓名，箱内应有配电系统图，标明电器元件参数及分路名称。严禁使用倒顺开关。

8）配电箱门应配锁，有防雨、防砸措施；箱内应保持清洁，不得有杂物。

9）所有配电箱、开关箱应每月进行检查、维修一次。

（3）现场照明核查要点

1）施工现场照明用电应单独设置照明配电箱，箱内设置隔离开关、熔断器和漏电保护器，熔断器的熔断电流不得大于15A，漏电保护器的漏电动作电流应小于30mA，动作时间小于 0.1s。

2）施工现场照明器具金属需要保护接零必须使用三芯橡皮护套电缆，严禁使用花线和护套线，导线不得随地拖拉或缠绑在脚手架等设施构架上。

3）照明灯具的金属外壳和金属支架必须作保护接零。

4）室外灯具的安装高度应大于 3m，室内灯具应大于 2.4m，大功率的金属卤化灯和钠灯应大于 5m。

5）在下列情况下应现场照明应采用 36V 以下安全电压：

①室内线路和灯具安装低于 2.4m 的；

②在潮湿和易触及带电体的工作场；

③使用手持照明灯具的。

（4）在一个工作场所内，不得只装设局部照明：

1）配线应分色（包括配电箱内连线），相线 L1 为黄色，L2 为绿色，L3 为红色，工作零线 N 为黑色，保护零线 PE 为绿/黄双色。

2）施工现场电缆干线应采用埋地或架空敷设，严禁沿地面明设、随地拖拉或绑扎在脚手架上。

3）电缆在室外直接埋地敷设的深度不得小于 0.6m，并在电缆上下各均匀铺设一层不小于 50mm 的细砂后覆盖硬质保护层，电缆接头应设在地面上的接线盒内；架空敷设时，应沿墙壁或电杆设置，并用绝缘子固定，严禁用金属裸线作绑线，橡皮电缆的最大弧垂距地不得小于 2.5m。

4）电缆穿越建筑物、道路和易受机械损伤的场所，必须采取加设套管等进行线路过路保护。

5）严禁采用四芯或三芯电缆外加一根电线代替五芯或四芯电缆。

6）电线必须符合有关规定，禁止使用老化线，破皮的应进行包扎或更换。

6. 临时用电的安全监理管理

（1）认真审查施工单位报送来的施工组织设计中的安全技术措施及各专项施工方案是否符合工程建设强制性标准，对不符合要求的部分必须返回施工单位进行修改，施工组织设计、方案未得到批准以前，不允许开工；

（2）监理人员将每天对临时用电工程进行安全检查，每月监理部组织建设单位、施工单位对临时用电进行月度检查，发现安全隐患及时指出并责令整改；

（3）对工地出现的所有不安全的隐患，监理人员将书面通知施工单位，要求限期整改完善；

（4）经监理人员多次指出，施工单位对安全隐患拒不整改或者不停止施工的，监理人员将及时向安监站报告；

（5）通过工地施工例会，及时协调安全隐患中出现的有关难点、要点，采取有效措施，防止不安全事故发生。

1.2.9 项目监理部应急预案

项目监理部安全保证体系图（图 1-17）。

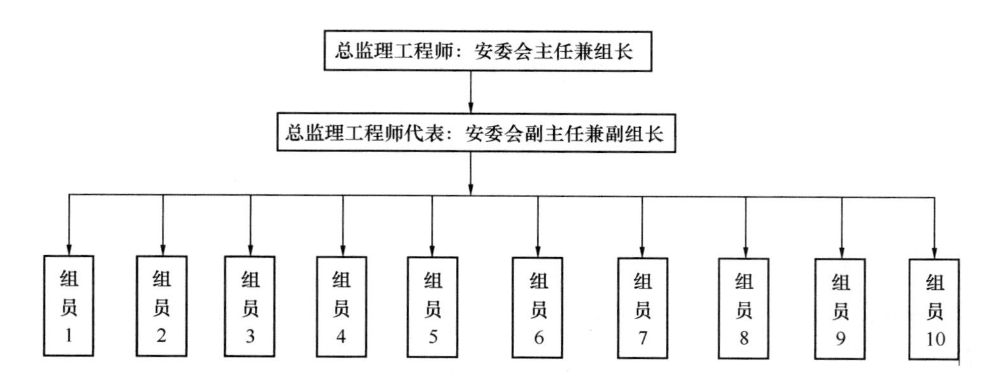

图 1-17　项目监理部安全保证体系图

1. 火灾事故应急救援预案

（1）火灾事故报告

1）报告条件：接到紧急突发火灾的报告（电话、口头），进行确认属实后；

2）报告方式：大声呼喊、电话、报警器；

3）信息报告与通知：应急值守接到紧急突发火灾报告后，应问明紧急突发事件发生地点、事件类型、事件当时造成的严重程度、初步原因分析、报告人姓名，根据事故情况立即向应急指挥领导小组组长报告，如果事故类型有人员伤亡，应立即拨打社会应急电话（119、120）。

（2）火灾事故现场应急措施

1）油源火灾应急措施：油料发现起火，组织现场人员使用干粉灭火器、泡沫灭火器灭火，也可使用泥土、砂石等不易燃材料掩埋或阻断火源，切断油火和空气的氧化反应作用，同时组织火灾现场人员撤离危险区；

2）电气或电源火灾应急措施：电气或电源发现起火后，首先要切断电源，然后组织人员使用干粉灭火器、泡沫灭火器灭火，也可使用泥土、砂石等不易燃材料掩埋或阻断电源，组织火灾现场人员离开危险区；

3）普通火灾现场应急措施：发现起火后，组织现场人员使用灭火器、消防栓、泥土、砂石等不易燃材料掩埋，组织火灾现场人员撤离危险区，同时，要保证水、电供应，必要时可以切断电源。

（3）火灾事故救护措施：

1）发现火灾事故后，现场人员立即向组长报告，将受伤人员撤到安全地带实施保护，并组织人员灭火；

2）出现火灾事故后由经过培训的人员对伤员进行现场救护，最大限度降低人员的损伤；

3）除上述方法救护外，立即报告相关部门，以最快速度将伤员送入专业医院进行救治。

2. 急性传染病应急救援预案

发现疫情立即报告组长，对可疑疫区进行封锁、消毒，对病人进行隔离，待诊断结果确认后采取相应的措施。

（1）疫情处理

1）划定区域进行隔离；

2）无害化处理，必须对疫点、疫区按规定实施消毒等无害化灭源处理，对仍存在的传染源统一进行隔离；

3）其他应急措施：对所有入场人员进行消毒、测温；宿舍保证每间房不超过 6 人；办公室、宿舍经常保持通风，保持室内卫生。

（2）后勤保障

项目监理部建立应急物资储备库，储备应急免疫、消毒、防护器具等物资，并实行统一订购，统一管理。对在处置重大事故中有突出贡献的人员，按照规定给予表彰和奖励。对引发重大事故负有重要责任的人员，以及在处置过程中玩忽职守、贻误工作的人员，追究当事人责任，构成犯罪的，由司法机关依法追究刑事责任。

3. 急性中毒应急救援预案

（1）急性中毒事故的抢险程序

1）一旦发生中毒事故，应组织人员进行全力抢救，视情况立即向急救中心 120 呼救。简要说明中毒后的反应及地点，派人到路口接应，并马上通知有关负责人；

2）因呼吸道中毒、缺氧窒息时，应迅速撤离现场，将患者移到有新鲜空气通风的地方，视情况对窒息者输氧；

3）口吸中毒者，采用人工刺激法对可疑食物禁止再食用，对于催吐无效或神志不清者可让其喝牛奶或蛋清等润滑剂来洗胃，不可做口对口人工呼吸；

4）经皮肤吸中毒者，必须用大量清洁自来水清洗；

5）眼、耳、鼻、咽喉黏膜损害，引起各种刺激症状者，经分清轻重，先用清水冲洗，然后由专科医生处理。

（2）急性中毒预防措施

1）严禁现场焚烧有毒有害物质；

2）生活设施符合卫生要求，不吃腐烂变质食品。炊事员持健康证上岗，暑伏天合理安排上班时间，防止中暑脱水现象发生；

3）生活区保障卫生，宿舍保持清洁，保持室内通风良好，必须设置开启式窗户，生活用品摆放整齐，定期消毒；

4）严格执行防范措施、环保措施；

5）生活区域不准存放易燃、易爆、剧毒、放射源等化学危险物品。

4. 触电事故应急救援预案

（1）事故报告和现场保护

1）报告条件：接到紧急触电事件的报告（如口头、电话等），并进行确认属实后；

2）报告方式：大声呼喊、电话等；

3）信息报告与通知：应急小组接到紧急触电事件报告后，应问明紧急突发事件发生地点、事件造成的严重程度、初步原因分析、报告人姓名。根据事故情况立即向应急指挥领导小组组长报告，如果事故类型有人员伤亡，应同时拨打社会应急电话 120，对现场进行保护。

（2）事故现场应急措施

触电事故发生后，首先找到分支电源先切断电源，确认触电现场停电后，然后组织现场人员抢救伤员。伤势较轻的，可以在施工现场进行抢救，伤员伤势较重的，准备好车辆送往附近医院，并且要保护好施工现场，为事故调查提供必要的条件。同时组织事故现场人员撤离危险区。

（3）事故应急救援保障

1）应急救援指挥中心：负责应急救援工作中人力、物力和经费等资源。

2）现场指挥组及事故调查组：负责事故现场应急救援工作的组织协调和指挥，对抢救方案和抢救措施、防止事故扩大和蔓延措施进行决策，并组织对事后事故的调查。

3）现场抢救疏散及技术保障组：为负责施救提供技术支持工具准备，负责现场伤员、设备的经济抢救，将事故现场人员和设备及时疏散到安全地点。注意保护现场，严禁抢救过程中违章指挥和冒险作业，避免事故扩大、抢救中的伤亡和财产损失。

4）应急信息联络及后勤保障组：负责对内、对外事故快报的信息联络。发生事故后及时通知项目监理部领导、各相关部门、地方有关部门。联系急救车辆，保障抢救工作的各种物资。

5. 冰冻灾害应急救援预案

（1）事故报告和现场保护

1）报告条件：接到紧急突发事件的报告（口头、电话等），并进行确认属实后；

2）报告方式：大声呼喊、电话等；

3）信息报告与通知：应急小组接到突发冰冻灾害事件报告后，应问明紧急突发事件发生地点、事故类型、事件当时所造成的严重程度、初步分析原因、报告人姓名，根据事故情况立即向应急指挥小组组长报告，如果事故类型为人员伤亡，应同时拨打社会应急电话120，并对现场进行保护。

（2）事故现场应急措施

冰冻灾害发生后，首先判别属于哪类事故，继而启动相应的应急救援预案。生活区、办公区可能发生冰冻灾害的（主要为水管破裂、车辆伤害、停电等），当确认事故后，应立即启动相应的应急救援预案，控制现场，防止事故蔓延，进行现场抢救。

（3）事故救护措施

当事故发生后，现场工作人员立即向应急小组报告，应急小组疏散人员撤离到安全地带，按危险情况先组织救人，项目监理部启动应急救援方案进行进一步抢救。

（4）应急救援保障

1）应急救援指挥中心：负责应急救援工作中人力、物力和经费等资源；

2）现场指挥组及事故调查组：负责事故现场应急救援工作的组织协调和指挥，对抢救方案和抢救措施、防止事故扩大和蔓延措施进行决策，并组织对事后事故的调查；

3）现场抢救疏散及技术保障组：负责为施救提供技术支持准备，负责事故现场伤员、设备的紧急抢救，将事故现场人员和设备及时疏散到安全地点；

4）应急信息联络及后勤保障组：负责对内、对外事故快报的信息联络。发生事故后及时通知各相关部门，联系急救车辆，保障抢救工作的各种物资。

6. 食物中毒应急救援预案

(1) 事故报告和现场保护

1) 报告条件：接到紧急突发食物中毒事件的报告（口头、电话等），并进行确认属实后；

2) 报告方式：大声呼喊、电话等；

3) 信息报告与通知：应急小组接到突发食物中毒事件报告后，应问明紧急突发事件发生地点、事故类型、事件当时所造成的严重程度、初步分析原因、报告人姓名，根据事故情况立即向应急指挥小组组长报告，如果事故类型为人员伤亡，应同时拨打社会应急电话120，并对现场进行保护。

(2) 事故现场应急措施

1) 当中毒事故发生后，应立即向各部门负责人报告，各部门负责人发现当事人有呕吐症状，疑似食物中毒，立即报警；

2) 组织指挥现场人员控制现场，严禁人员接触食物毒源；

3) 根据中毒情况由组长请求支援，进行抢救，并控制好现场；

4) 在控制中毒现场的同时，封闭食品毒源，协助防疫中心查明食品毒源，防止二次中毒；

5) 根据事故严重程度，要求交警配合疏通道路，进行抢救。

(3) 抢救结束后的处置

1) 对现场及餐具、炊具、厨具进行清洗、消毒、通风，防止二次污染中毒；

2) 对冷藏、冷冻食品经防疫部门检验后方可食用；

3) 事故处理完毕后，由总监理工程师总结应急救援工作的经验教训，同时提出改进意见，完善预案。

1.3 开工条件的审查要点

1.3.1 审查施工单位提交的施工组织设计

(1) 审查项目组织管理机构：项目部组织结构图、项目部主要管理人员及职责、项目部主要职能部门及职责等。

(2) 审查总平面布置图：临时道路布置、塔式起重机布置、装配式构件吊装区域布置、办公区域布置、生活区域布置、钢筋加工与堆放区域布置、模板加工与堆放区域布置、临时给水布置、临时排水布置、临时用电布置等。

(3) 审查各项施工方案：施工测量放线方案、土方开挖方案、基坑边坡支护方案、防水施工方案、钢筋制作安装方案、混凝土施工方案、模板施工方案、屋面施工方案、门窗施工方案、水电安装施工方案、塔式起重机安拆方案、装配式构件吊装方案等。危险性较大的专项方案须经专家论证通过后方能实施。

(4) 审查质量保证措施：质量方针与目标、质量管理体系、质量控制及检验标准、质量通病的防治措施等。

（5）审查安全管理体系与措施、审查安全文明施工措施、审查环保管理体系与措施、审查进度计划与措施等。

1.3.2 审查施工单位（含分包单位）资质、人员资质

（1）审查单位营业执照的合法性。

（2）审查单位企业资质是否满足工程需要。

（3）审查项目经理、技术负责人、五大员是否满足工程需要。

（4）审查特殊工种人员上岗证。

（5）审查企业安全生产许可证是否在有效期内。

1.3.3 审查施工现场质量管理检查记录

（1）审查现场质量管理制度是否制定。

（2）审查质量责任制是否完善。

（3）审查主要专业工程操作上岗证书是否具备。

（4）审查施工图审查备案是否完善。

（5）审查地质勘查报告是否完善。

（6）审查施工组织设计（方案）是否审批。

（7）审查施工技术标准是否正确。

（8）审查工程质量检验制度是否完善。

（9）审查现场材料、设备存放与管理是否合理。

（10）审查分包单位的管理制度是否完善。

1.3.4 审查开工报告

（1）审查图纸会审与设计交底是否完善。

（2）审查施工道路是否畅通。

（3）审查场地平整是否就绪。

（4）审查临时水电是否到位。

（5）审查施工技术措施是否确定。

（6）审查主要材料是否能保证供应。

（7）审查装配式构件等成品、半成品加工能否保证供应。

（8）审查主要施工机具、设备是否进场。

（9）审查劳动力是否已落实。

（10）审查进度计划是否已编制。

1.3.5 监理工作程序

1. 第一次工地会议监理工作程序（图 1-18）

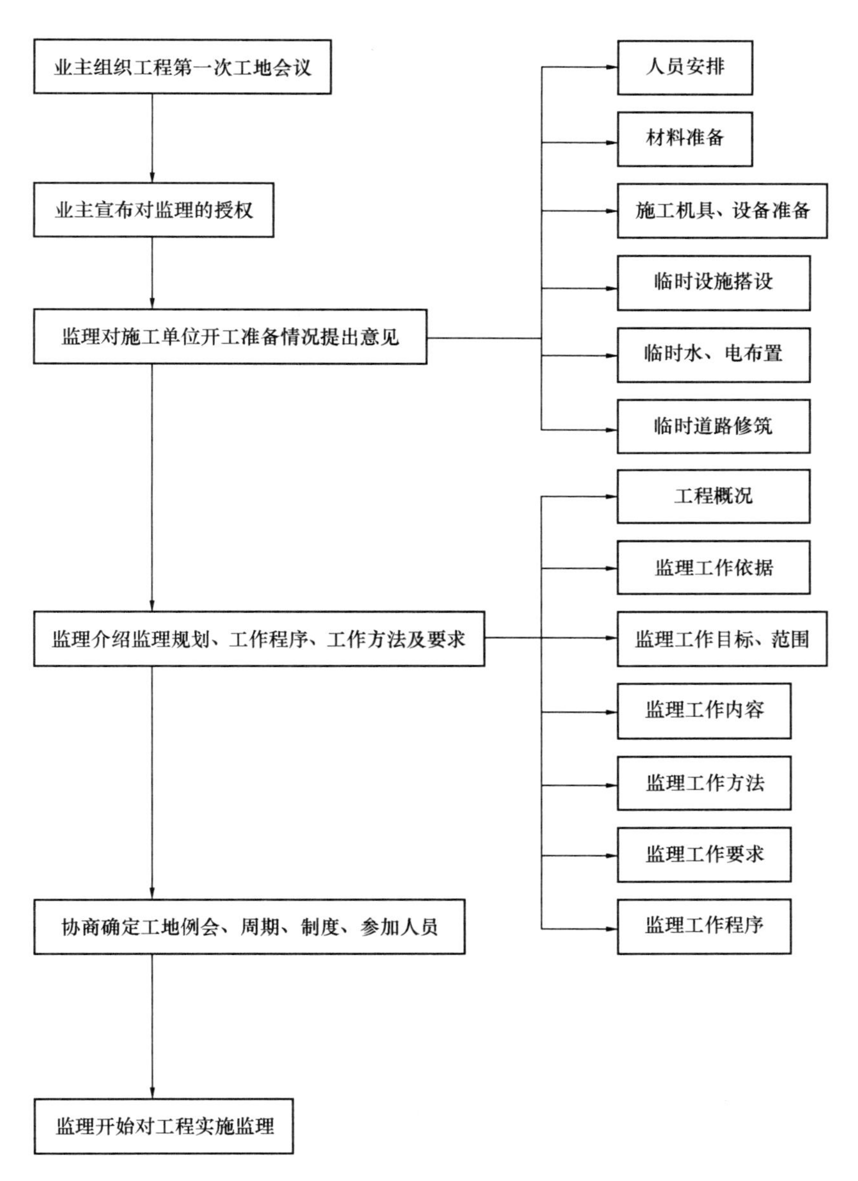

图 1-18 第一次工地会议监理工作程序图

2. 开工报告审批监理工作程序（图 1-19）

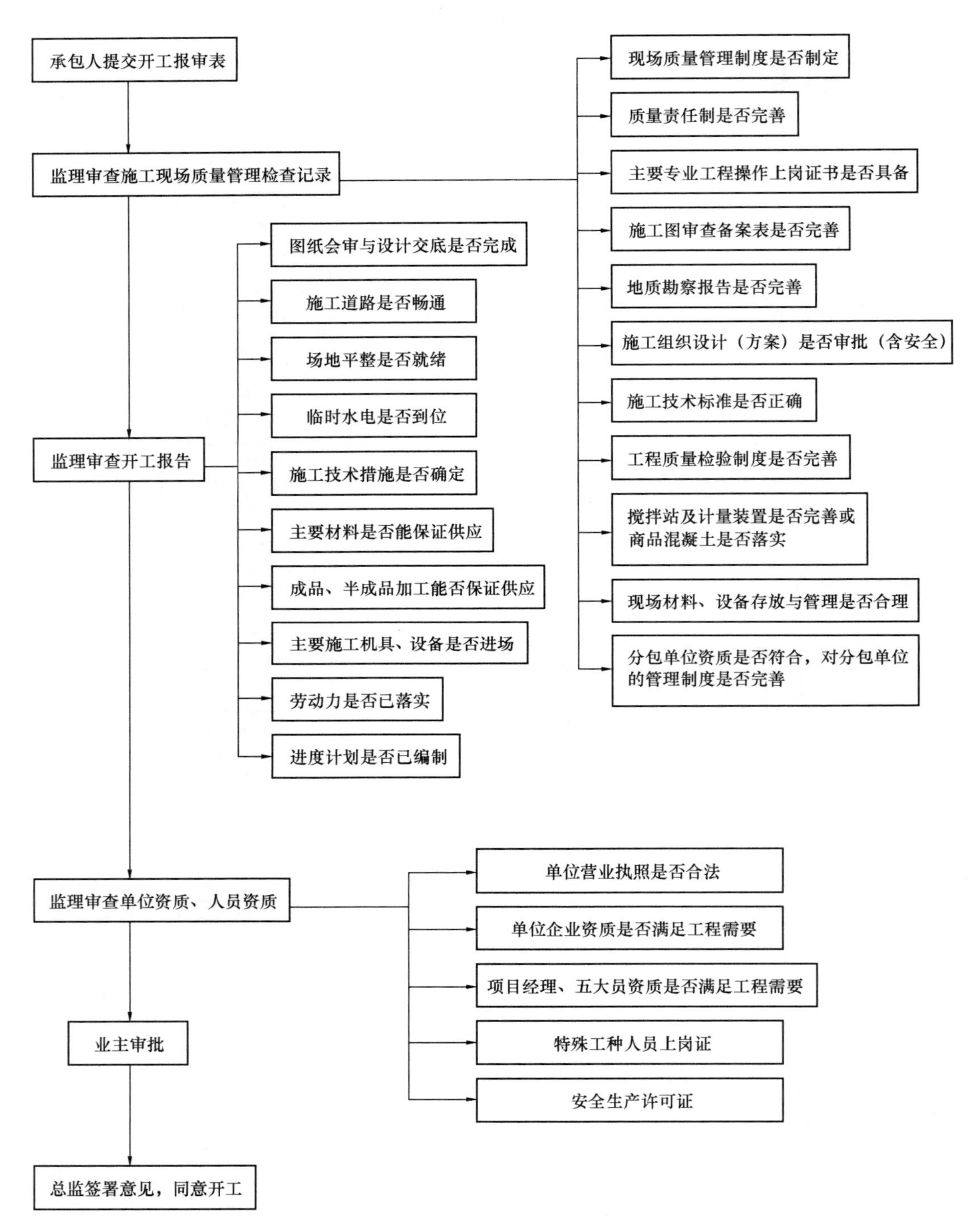

图 1-19　开工报告审批监理工作程序图

第2章　PC构件生产制作阶段监理质量控制要点

混凝土预制件，Precast Concrete，故又称PC构件，是指在工厂中通过标准化、机械化方式加工生产的混凝土制品；与之相对应的传统现浇混凝土需要工地现场制模、现场浇筑和现场养护。

混凝土预制件被广泛应用于建筑、交通、水利等领域，在国民经济中扮演着重要的角色。将建筑的部分或全部构件在工厂预制完成，然后运输到施工现场，将构件通过可靠的连接方式组装而建成的建筑，称为预制装配式建筑。

与现浇混凝土相比，工厂化生产的混凝土预制件有诸多优势：①安全性方面，对于建筑工人来说，工厂相对稳定的工作环境比复杂的工地作业安全系数更高。②质量控制方面，建筑构件的质量和工艺通过机械化生产能得到更好地控制。③生产速度方面，预制件尺寸及特性的标准化能显著加快安装速度和建筑工程进度。④成本控制方面，与传统现场制模相比，工厂里的模具可以重复循环使用，综合成本更低；机械化生产对人工的需求更少，随着人工成本的不断升高，规模化生产的预制件成本优势会愈加明显。⑤环境保护方面，采用预制件的建筑工地现场作业量明显减少，粉尘污染、噪音污染显著降低。

住宅产业化的如火如荼，给监理的项目管理带来了新的课题，传统建筑施工模式的改变，也将监理工作从传统的现场管理转变为现场、工厂两者的有机兼顾。PC构件工厂是预制装配式混凝土建筑的上游，PC构件的生产自然成为预制装配式混凝土建筑重要的组成部分，PC构件工厂的驻厂监理也就成为监理方保障项目施工安全、进度、整体质量的重要手段。

2.1　PC预制工厂生产审查要点

2.1.1　资质审查

资质审查内容：企业营业执照、企业组织机构代码证、安全生产经营许可证、预拌混凝土专业企业资质等。

2.1.2　主要生产要素及管理机构审查

2.1.2.1　工厂生产要素审查

（1）审查生产线：生产规模、产能设计等硬性标准能否满足项目供给要求，一般情况下最低产能至少两条PC构件生产线（一条竖向构件生产线、一条水平构件生产线），配备一条相关原材料、钢筋加工生产线；工厂的产能是否满足项目PC构件交货需求。PC工厂布局图如图2-1所示。

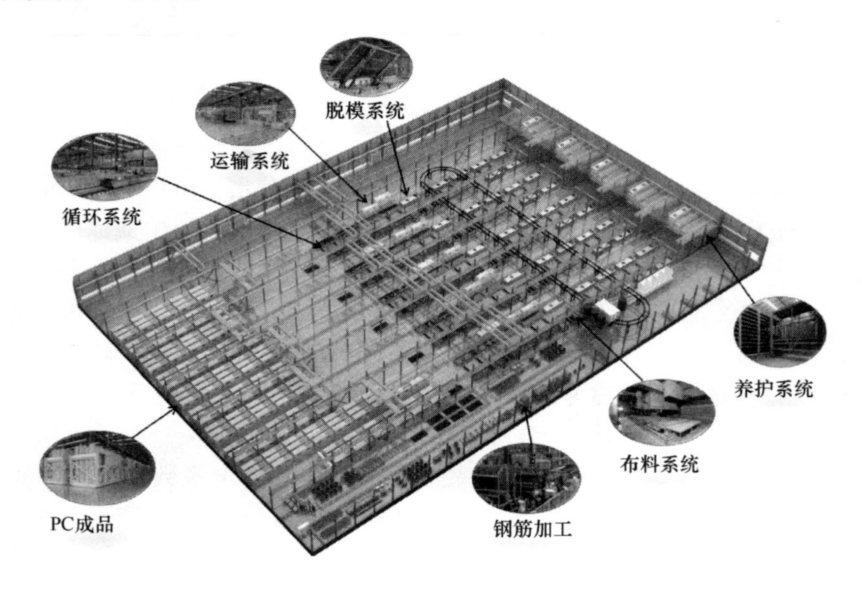

图2-1　PC构件工厂布局图

（2）审查混凝土生产浇筑：生产车间是否有完备的生产搅拌设备、拌料计量统计装置、浇筑布料设备、生产振捣台车和生产相关的熟练操作工人。

（3）审查钢筋制作：网片钢筋加工生产线、钢筋下料切断机和生产相关的工序是否配备足够的熟练操作工人。

（4）审查检验养护设备：墙板生产养护窑、混凝土试块标准养护箱、材料检验实验室是否符合标准。

（5）审查模具及主要使用工具：构件生产模具质量及数量能否满足生产质量要求和生产数量需求；模具的设计与选型能否实现设计需求和保证构件生产质量。

（6）审查人员资金储备：有满足工厂正常生产运转的资金储备、人员储备，有满足工厂生产运营的管理人员、生产工艺技术人员、生产设备技术操作人员、流水线生产施工工人等。

（7）审查工厂总体规划及软硬件：布局是否遵循“便捷、合理、科学”的原则，生产设备是否按工艺流程顺序配置。

（8）审查PC构件工厂周边地理位置及厂区环境：是否满足方便各种原材料和产品及时顺利的进出工厂，水、电、气等硬件配套接入条件是否满足产能需要。

2.1.2.2　PC构件工厂管理机构审查

（1）审查PC构件生产企业具备完善的企业管理组织架构，各岗位权责分工明确、有完善的运转机制，任务落实责任到人。PC构件工厂组织架构图如图2-2所示。

（2）审查预制生产企业必须拥有完善的规章管理制度、预制构件生产全流程的技术、质量安全控制措施、预备保障方案等；有能力解决生产过程出现的各种突发状况和技术难题，技术人才储备满足生产运行、维护要求。

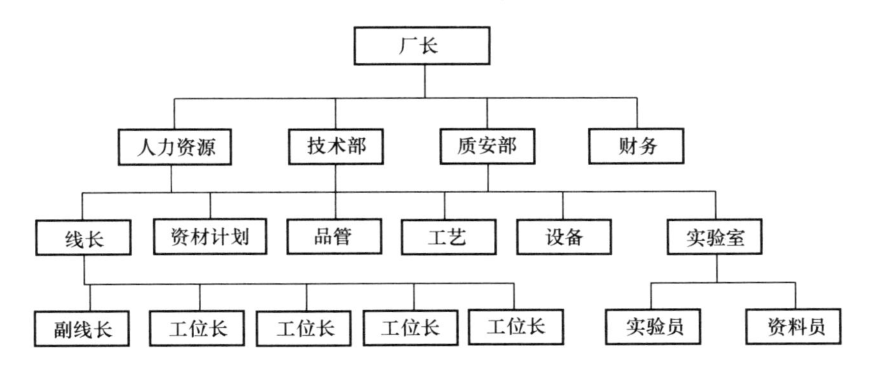

图 2-2 PC 构件工厂组织架构图

2.1.2.3 质量管理、安全管理体系审查

完善的质量管理体系、制度是质量管理的前提，是企业质量管理水平的体现；质量管理体系中应建立并保持与质量管理有关的文件形成和控制工作程序，该程序应包括文件的编制（获取）、审核、批准、发放、变更和保存等。

生产单位应采用现代化的信息管理系统，并建立统一的编码规则和标识系统。信息化管理系统应与生产单位的生产工艺流程相匹配，贯穿整个生产过程，并应与构件 BIM 信息模型有接口，有利于在生产全过程中控制构件生产质量，精确算量，并形成生产全过程记录文件及影像。如预制构件表面预埋带无线射频芯片的标识卡（RFID 卡）有利于实现装配式建筑质量全过程控制和追溯，芯片中应存入生产过程及质量控制的全部相关信息。

PC 预制构件生产企业必须拥有行之有效的质量管理、安全管理体系流程，对生产资料，尤其品管、试验、检测机制着重考察。质量管理体系是保障构件质量的措施，安全管理体系是安全生产的保障。

1. 质量管理体系的审查

（1）质量管控总流程图（图 2-3）

（2）质量管理系统架构图（图 2-4）

（3）制定有成套的质量检查批准

1）审查以国家、行业或者地方、公司标准为依据制定的每个种类产品的详细质量控制和验收标准。

2）审查制定有过程控制标准和工序衔接的半成品标准。

3）将设计或者施工提出的规范规定外的要求编制到产品标准中。

（4）审查制定有符合产品制作工艺的操作规程，应具有针对性、易操作性和可推广性。

（5）审查技术交底和质量培训、考核制度。

（6）审查质量控制应对每个生产程序、生产过程进行监控，并认真执行检验方法和检验标准，对重要环节，如原材料、模具、浇筑前、预埋件、首件等，进行严格控制。

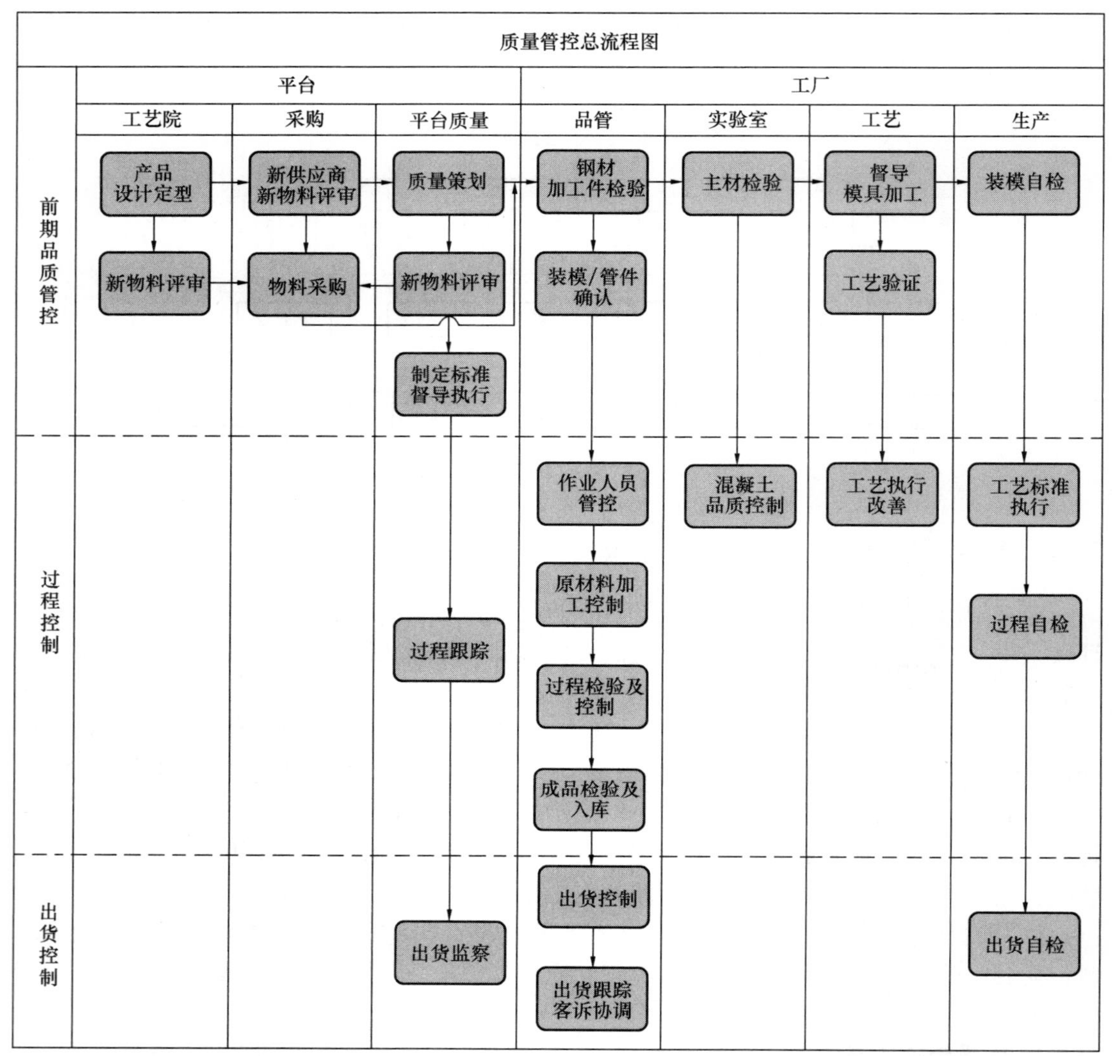

注：生产包括工厂生产部门及委外生产单位。

图 2-3　质量管控总流程图

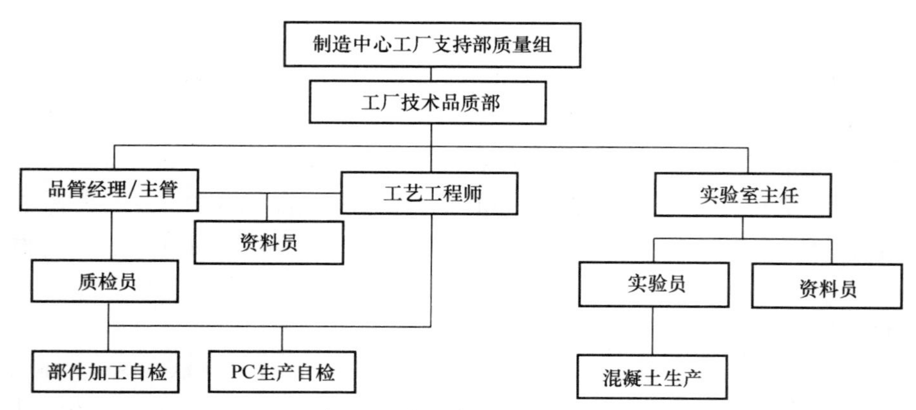

图 2-4　质量管理系统架构图

(7) 审查依照生产环节分工建立质量管理组织、配置足够的质量管理人员。

(8) 审查依照生产程序安排质量管理人员进行过程质检，前道工序为后工序负责；禁止不合格产品流转到下一个工序。按照原材料进场、钢筋加工、模具组装、钢筋吊入、预埋预留、混凝土浇筑、产品养护、产品脱模、修补方案、产品存放、产品出厂等相关环节，合理配置质量管理人员。

(9) 审查质量标准、操作规程是否上墙公示，质量标准、操作规程经培训考试后张贴在生产车间醒目位置方便操作工人及时查看、学习。

(10) 审查是否设立质检区、配备相关质检设备，质检人员应配备齐全相关检测工具，配备数码相机用于需要记录的隐蔽节点拍照。

(11) 审查是否对不合格产品进行明显的标识，并进行隔离，经过修补仍检验检测不合格的产品必须报废，对不合格品产生原因采取对应措施，防止再次发生。

(12) 审查合格证设计内容是否包括产品名称、编号、型号、规格、设计强度、生产日期、生产人员、合格状态、质检员等相关信息，合格证可以是纸质书写，也可以将信息形成二维码或条形码，还可以预埋芯片记录产品信息。

(13) 审查经检验合格的产品出厂前，应进行标识张贴合格证，合格证标识图样设计美观大方，位置标识统一易识别的制度。

2. 安全管理体系的审查

(1) 有完善的安全管理组织架构。

(2) 制定有安全管理目标。

(3) 制定有对应的安全操作规程。

(4) 有配套的安全设施、安全防护用具。

(5) 制定有专门的安全培训计划。

(6) 罗列有重大危险源管理清单目录。

(7) 有健全的安全管理责任制度。

(8) 有针对性的安全事故应急预案。

2.1.2.4 生产方案审查

预制构件生产前应审查生产方案，生产方案应包括生产计划及生产工艺、模具方案及计划、技术质量控制措施、成品存放、运输和保护方案等。

审查生产方案的具体内容包括：生产工艺、生产计划、模具方案、模具计划、技术质量控制措施、成品保护、存放及运输方案等内容，必要时，应对预制构件脱模、吊运、码放、翻转及运输等工况进行计算。

2.2 图纸深化设计及技术交底审核监理工作要点

PC构件图纸深化设计由原设计单位设计出图的，需经过审图办审核盖章投入使用。PC构件图纸深化设计由非原设计单位设计出图的，应在原设计单位指导协助下由有拆分设计经验的专业设计单位拆分设计，最终图纸必须得到原设计单位的审核盖章确认。

2.2.1 图纸深化设计审核

图纸会审要点

（1）审核拆分图、节点图、构件图是否有原设计单位签章。有些项目拆分设计不是原设计单位设计出图，这样的图样及其计算书必须得到原设计单位的复核认可签章，方可作为有效的设计依据。

（2）审核水、电、暖通、装修专业制作施工各环节所需要的预埋件、吊点、预留孔洞是否已经汇集到构件制作图中，吊点设置是否符合作业要求。

（3）审核构件和后浇混凝土连接节点处的钢筋、套筒、预埋件、预埋管线与线盒等距离是否过密，过密的话将影响混凝土浇筑与振捣。

（4）审核夹心保温板的设计是否给出了拉结件材质、布置、锚固方式的明确要求。

（5）对于建筑、结构一体化构件，审核是否有节点详图，如门窗固定窗框预埋件是否满足门窗安装要求。

（6）对制作、施工环节无法或不宜实现的设计要求进行审核，由设计、生产、施工单位共同制定解决方案。

2.2.2 参与生产工艺技术交底会

（1）参与设计单位对PC构件生产工厂的图纸交底。

设计单位应当就审查合格的施工设计图向预制构件生产厂家、施工单位进行设计交底。设计单位对PC构件制作提出的一系列要求，PC构件厂家有疑问的，设计单位负责对PC构件厂家提供技术支持、答疑解惑。设计单位在设计过程应充分考虑建筑、结构、电气、设备等各专业之间在PC构件制作中的需求，所出具的施工设计图应对预制构件的尺寸、节点构造、装饰装修、机电安装、预留预埋等提出详尽的技术要求。

（2）构件生产工艺识图技术交底记录。

（3）参与预制装配式混凝土建筑常见、关键质量问题及如何预防的详细措施交底。

（4）参与构件制作与施工过程中重点环节的安全防范措施交底等。

（5）参与预埋插筋连接套筒生产预埋的精确度交底，吊点吊钉预埋要求交底。

（6）参与构件生产内外叶防开裂技术交底。

（7）参与现场施工需求的预埋套筒埋设技术交底，如模板拉模套筒、外挂架套筒、构件连接件套筒等。

（8）参与根据现场施工需求，楼板生产预留孔洞技术交底，如楼层测量放线孔、模板传递孔等。

2.2.3 关于采用新技术、新工艺、新材料、新设备的方案审查

预制构件和部品生产中采用新技术、新工艺、新材料、新设备时，生产单位应制定专门的生产方案，并报监理机构审核；必要时进行样品试制，经检验合格后方可实施。

采用新技术、新工艺、新材料、新设备时，应制定可行的技术措施。设计文件中规定使用新技术、新工艺、新材料时，生产单位应依据设计要求进行生产，并经项目监理机构认可。

生产单位使用新技术、新工艺、新材料时，可能会影响到产品的质量，必要时应试制样品，经建设、设计、施工和监理单位核准后方可实施。

2.2.4 工厂信息化管理审核

制造业信息化将信息技术、自动化技术、现代管理技术与制造技术相结合，可以改善制造企业的经营、管理、产品开发和生产等各个环节。从而实现产品设计制造和企业管理的信息化、生产过程控制的智能化、制造装备的数控化（图 2-5、图 2-6）以及质量成本管控的网络化，极大地减少过程失误、减轻人员劳动负荷，全面提升管理水平和竞争力。

图 2-5 数控弯箍机

图 2-6 数控网片机

PC 预制工厂的信息化管理原则是必须以流程的标准化管理为基础，坚持以信息化带动工业化，以工业化促进信息化。信息化与工业化不是对立、排斥、取代的关系，而是并存、促进、互动的关系。

1. 审核信息化技术在PC工厂构件生产过程中的应用

(1) 信息化管理技术从订单到前期准备过程体现出得天独厚的优势

运用信息化技术可对生产订单进行管理，包括维护生产订单，显示订单列表详情。可以按照不同订单、物料以及车间对不同的物料进行备料准备，反映现有库存对生产订单的保证情况，列出缺料明细，提醒管理人员及时跟踪或催收所缺物料，不致发生生产订单下达后却因缺料而无法生产。当接洽订单后生产规划部根据产能规划安排订单处理方案；与此同时，预制构件工厂开始进行该项目的物料采购，生产计划安排，成品堆场整理准备等工作，实现信息化高效管理。

(2) 信息化管理技术在PC构件加工、生产中的运用审查

生产设计深化图纸以数据的形式传输到车间MES系统中，从而减少人为操作次数和降低人为操作带来的失误，提高生产效率。PC构件生产车间的排产计划表和堆放列表通过信息化手段达到可视化，生产管理人员根据深化设计的数据完成构件堆放与排产设计，其余相应部门都能同步看到排产计划。各个相应岗位根据排产计划达到同时准备各项生产用数据资料（如标签、堆放表、钢筋加工单、纸质图纸、技术资料等）提交给车间管理类人员准备生产。

数据控制中心通过上位机和中央控制系统，应用物联网技术控制厂区设备，实现生产设备的数据采集和管理，以及设备监控（图2-7、图2-8）。

图2-7　数据控制中心

2. 信息化技术在预制构件运输环节的应用审查

计划将正确数量和类型规格的预制构件或部品件，直接运送到项目工地现场，要实现这一点，就需要信息控制系统与各个部门进行联动，实现信息共享。现场项目部通过信息

图 2-8 生成车间监控中心

化交互平台把项目现场待安装的预制构件需求反馈给信息控制系统。预制构件工厂管理人员通过信息化控制系统能够及时做好准备工作，了解自己的库存能力，并且实时反馈到系统中，提前完成生产、堆放等作业，从而准时完成 PC 构件送达项目现场的任务。

项目现场安装时每一块预制构件都有唯一的标签代码（图 2-9），信息控制系统会记录每一块预制件的运输情况，提供关于物流进度的信息，并能马上以虚拟化模型或表格的形式将内容可视化呈现物流情况，从而将数据返回至仓库和生产组进行下一个节拍的作业。

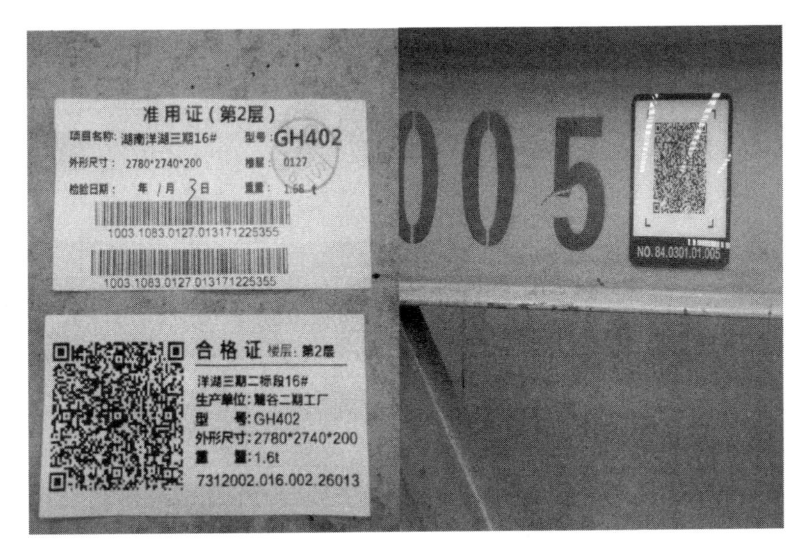

图 2-9 预制构件识别代码图

信息化管理控制系统的运用，能让监理工作真正达到足不出户实现全流程管控，各工序质量、进度情况实时调取。

2.3 PC构件生产制作工艺及流程审查要点（图2-10）

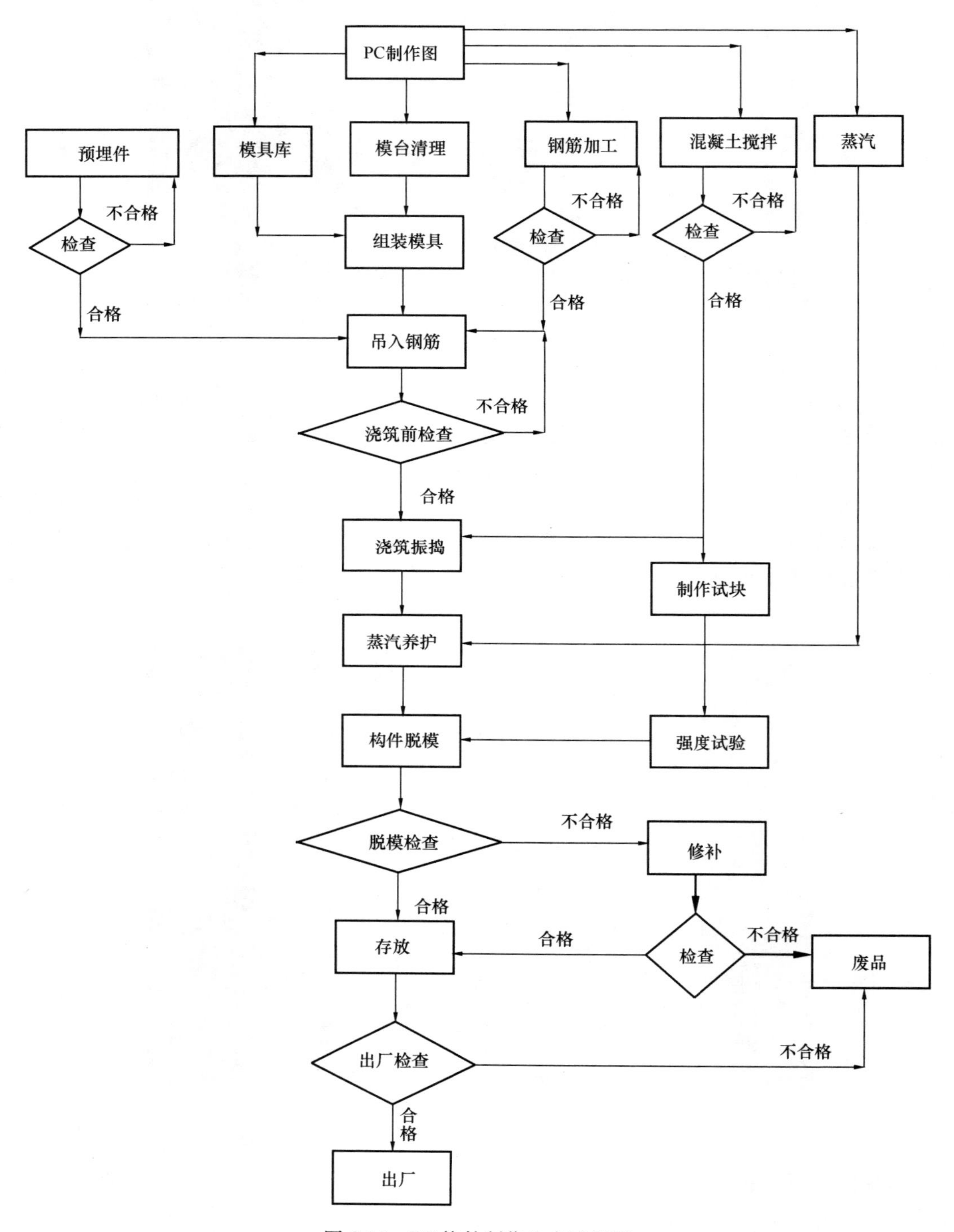

图2-10　PC构件制作生产流程图

现场专业监理人员应清楚PC构件归纳起来可分为竖向构件和水平构件两大类，竖向PC构件主要是外墙板和内墙板；水平PC构件主要为叠合楼板、叠合梁、预制楼梯、阳台板、空调板等。

2.3.1 PC构件生产制作准备

1. 材料验收程序审核

（1）进厂材料必须有材料生产厂家的合格证、材质检测合格报告等资料。

（2）需要复检的材料，通知监理见证取样，报送具有资质的检测机构进行检验。

（3）检测机构按照相关标准规定检验取样，并出具相关检测报告。

（4）监理对检验报告进行审核存档。

2. 主要生产材料审查

PC构件用材的种类较多，在组织生产前应充分了解图样设计要求，并通过试验合理选用材料，以满足预制构件的各项性能要求。

PC构件生产单位应要求原材料供货方提供满足要求的技术证明文件，证明文件包括出厂合格证和检验报告等，有特殊性能要求的原材料应由双方在采购合同中给予明确说明。

审查原材料质量的优劣对PC构件的质量起着决定性作用，生产单位应认真做好原材料的进货验收工作。首批或连续跨年进货时应核查供货方提供的型式检验报告，生产单位还应对其质量证明文件的真实性负责。如果存档的质量证明文件是伪造或者不真实的，根据有关规定，生产单位应承担相应的责任。质量证明文件的复印件存档时，还需加盖原件存放单位的公章，并由存放单位经办人签字。

生产材料的审查包括混凝土（水泥、天然砂（机制砂）、卵石（碎石）、轻骨料、水、粉煤灰及其他矿物掺和材、减水剂、早强剂）、钢筋、预埋件套筒、预埋管线、吊钉、聚苯保温板、玄武岩钢筋、玻璃纤维筋等。

（1）混凝土生产审查

混凝土的各项力学性能指标和相关结构混凝土材料的耐久性要求应符合国家现行标准《混凝土结构设计规范》GB 50010及《混凝土结构耐久性设计规范》GB/T 50476的规定，预制混凝土构件的混凝土强度等级不宜低于C30，现浇混凝土的强度不宜低于C25。

1）审核构件生产混凝土强度配合比、混凝土试块报告是否符合规范要求（图2-11）

2）工厂搅拌混凝土检查

检验要求按《混凝土结构工程施工质量验收规范》GB 50204—2015的要求执行。

混凝土搅拌设备应准确计量各种配料用量，生产数据形成记录并能实时查询。驻厂监理不定期进行检查，形成检查记录台账。

3）混凝土浇筑与取样要求

混凝土的试样应在混凝土浇筑地点随机采取。每拌制100盘但不超过100m^3的同配合比混凝土，至少采取试样1次；每工作班拌制的同配合比的混凝土不足100盘时，也至少采取试样1次。制作混凝土强度试块时，尚应检验其坍落度、粘聚性、保水性及拌合物密

××××有限公司中心实验室					
混凝土配合比试验报告					
				报告编号：CSYD/PHB-2016-002-1	
试验编号：PHB-SY-2016-004		试验日期：2016-01-10		报告日期：2016年3月15日	
混凝土强度等级	C35	抗渗等级	/	配置强度	43.0MPa
搅拌方法	机械	振捣条件	机械	结构部位	PC工厂预制件

原 材 料											
水泥		细骨料		粗骨料			掺合料	膨胀剂		外加剂	
厂牌	中材萍乡	产地	湘江	产地	湘江	品种	长安益阳	厂家	/	厂家	西卡
种类	普通硅酸盐	品种	天然砂	品种	卵石						
强度等级	P.O42.5	细度模数	3.2	最大粒径	25.0mm	等级	2级	牌号	/	牌号	ViscoCrete 20HE-40(10%)
预测强度R20=(MPa)	49.3										

配 合 比													
砂率（%）	45	每立方米混凝土材料用量（kg）							坍落度（mm）		各龄期强度(MPa)		
水胶比	0.35	水泥	细骨料	粗骨料 5~25mm	掺和料	膨胀剂	水	外加剂	初始	160	龄期	抗折	抗压
掺合料掺量(%)	/								60min	/	1天	/	12
膨胀剂掺量(%)	/								60min	/	3天	/	25.3
外加剂掺量(%)	1.5	320	835	1020	80	/	140	6	初凝时间	/	7天	/	28.9
容重（kg/m³）	2401								终凝时间	/	28天	/	40.8
注：1. 此为混凝土配合比，以上配合比中的砂、石均为干燥状态计量。													
2. 工程中使用时应按实际含水率换算。													
3. 设计坍落度160~180mm。													

图 2-11　实验配比报告单

度，并以此结果作为代表这一配合比的混凝土拌合物的性能。

每个试样的混凝土制作标准养护试块、同条件养护试块各 1 组。此外，为测定构件的起吊、拆模、出厂强度等，需要制作试块，其具体组数由生产单位按实际需要确定。

每组混凝土试块由 3 个立方体试块组成。每组试块的强度应按 3 个试块强度的算术平均值确定。当一组内 3 个试块中强度的最大值或最小值与中间值之差不超过中间值的 15%时，取中间值为该组试块强度的代表值；当一组试块中强度的最大值和最小值与中间值之差均超过中间值的 15%时，该组试块强度不应作为评定依据。用于检验评定的混凝土强度应以边长为 150mm 的标准尺寸立方体试块强度试验结果为准。当采用非标准尺寸的试块时，应将其抗压强度乘以换算系数换算成标准试块强度。

用于混凝土强度合格评定的混凝土试块，应在按标准方法成型后，置于温度为（20±

3)℃、相对湿度为90%以上的标准养护室内，或温度为（20±3)℃的水中养护28d；对于采用蒸汽养护的混凝土结构或构件，其混凝土试块应随同结构或构件一同蒸汽养护后，再移入标准养护室内养护，两段养护时间共28d。

混凝土试块应进行统一编号、封存；除设计有要求外，PC构件出厂的混凝土强度不宜低于混凝土强度设计值的75%。

4）混凝土生产原材料审查

①水泥检验的质量审查

配制混凝土所用的硅酸盐水泥、普通硅酸盐水泥的质量，应符合《通用硅酸盐水泥》GB 175—2007的规定。当采用其他品种水泥时，其质量应符合相应标准的规定。

a. 检验项目、方法及评定的审查

水泥进厂时，必须附有水泥生产厂的质量证明书。对进厂（场）的水泥应检查核对其生产厂名、品种、标号、包装（或散装仓号)、重量、出厂日期、出厂编号及是否受潮等，做好记录并按规定采取试样，进行有关项目的检验。

水泥的强度、安定性、凝结时间和细度，应分别按《水泥胶砂强度检验方法》GB/T 17671—1999、《水泥标准稠度用水量、凝结时间、安定性检验方法》GB/T 1346—2011、《水泥压蒸安定性试验方法》GB/T 750—1992、《水泥细度检验方法筛析法》GB/T 1345—2005及《水泥比表面积测定方法（勃氏法)》GB/T 8074—2008的规定进行检验。

为能及时得知水泥强度，可按《水泥强度快速检验方法》JG/T 738—2004预测水泥28d强度，也可采用经过省、自治区、直辖市级有关部门鉴定核准的水泥强度快速检验方法预测水泥28d强度，作为使用水泥时的质量控制指标。

水泥的检验结果如不符合标准规定时，应停止使用并及时向水泥供应单位查明情况，确定处理方案。如该批水泥已经使用，应查清该批水泥的使用情况（使用日期、应用该批水泥拌制的混凝土的强度、浇筑的结构部位和所生产的制品等)，并根据水泥质量情况确定处理方案。

b. 取样送检的方法

对同一水泥厂生产的同期出厂的同品种、同标号的散装水泥，以一次进场的同一出厂编号的水泥为一批，但一批的总量不得超过500t。随机地从车罐中不同部位各取等量水泥，经混拌均匀后，再从中称取不少于12kg水泥作为检验试样。对所用水泥，应按批检验其强度和安定性，需要时还应检验其凝结时间和细度。当水泥来源固定，水泥质量稳定，厂（场）方又掌握其性能时，视进厂（场）水泥情况，可不定期地采集试样进行强度检验。实验室的水泥检验报告如图2-12所示。

② 天然砂、机制砂的质量审查

天然砂的质量应符合《建设用砂》GB/T 14684—2011的规定。对有耐酸、耐碱或其他特殊要求的混凝土用砂的质量，应分别符合有关标准的规定。对接触水或处于高湿环境中的总碱含量较高的混凝土用砂的质量，应符合有关标准关于碱活性的规定。

配制PC构件混凝土时宜优先选用Ⅱ区中砂。当采用Ⅰ区砂时，应提高砂率，并保持足够的水泥用量，满足混凝土的和易性；当采用Ⅲ区砂时，宜适当降低砂率，当采用特细砂时，应符合相应的规定。天然砂的颗粒级配及含泥量要求见表2-1、表2-2。

××××有限公司中心实验室			
水泥检验报告			
		报告日期	2016-5-20
工程名称	—	报告编号	CSYD/C-2016-046
检验单位	××××有限公司中心实验室	检验类别	自检
工程部位	预制构件	样品编号	C-SY-2016-046
强度等级	P·O 42.5	检验依据	GB175-2007
水泥品牌	普通硅酸盐水泥	出厂编号	SF4-139
生产厂家	中材萍乡	出厂日期	2016-5-17
代表数量	/	送样日期	2016-5-17
		试验日期	2016-5-17

试验结果				
一、细度	80μm方孔筛	—%	比表面积	340㎡/kg
二、标准稠度用水量	25.20%			
三、凝结时间	初凝	145min	终凝	255min
四、安定性	雷氏法	—	试饼法	合格
五、强度（MPa）				

抗折强度				抗压强度			
3天		28天		3天		28天	
单块值	平均值	单块值	平均值	单块值	平均值	单块值	平均值
5.7	5.6	8.2	8.1	31.2	32.1	48.4	49
				32.5		48.5	
				31		48.1	
				32.9		49.9	
5.4		8.1		32.7		49.2	
5.8		8.1		32		49.7	

结论：

上述所检项目符合国家标准。

图 2-12　水泥检验报告

天然砂的颗粒级配表　**表 2-1**

累计筛余（%）/ 级配 / 公称直径	Ⅰ区	Ⅱ区	Ⅲ区
5.00mm	0～10	0～10	0～10
2.50mm	5～35	0～25	0～15
1.25mm	35～65	10～50	0～25
630μm	71～85	41～70	16～40
315μm	80～95	70～92	55～85
160μm	90～100	90～100	90～100

天然砂中含泥量表　**表 2-2**

混凝土强度等级	≥C60	C30～C55	≤C25
含泥量（按重量计%）	≤2.0	≤3.0	≤5.0

对有抗冻、抗渗或其他特殊要求的小于或等于C25的混凝土用砂，含泥量应不大于3.0%，其余部分按表2-3规定。

砂中的泥块含量表 **表2-3**

混凝土强度等级	≥C60	C30～C55	≤C25
泥块含量（按重量计%）	≤0.5	≤1.0	≤2.0

对有抗冻、抗渗或其他特殊要求的小于或等于C25的混凝土用砂，其泥块含量不应大于1.0%。机制砂的质量要求，应符合表2-4的规定：

机制砂或混合砂中石粉含量 **表2-4**

混凝土强度等级		≥C60	C30～C55	≤C25
石粉含量（%）	*MB*<1.4（合格）	≤5.0	≤7.0	≤10.0
	MB≥1.4（不合格）	≤2.0	≤3.0	≤5.0

注：机制砂的总压碎值指标应小于30%。

检验项目、方法和评定：

检验项目包括砂的颗粒级配、含泥量、泥块含量、坚固性、表观密度、堆积密度等。

检验方法应按《普通混凝土用砂、石质量标准及检验方法》JGJ 52—2006的规定进行。

对产源固定，产量质量稳定的生产单位，在正常情况下生产供应的天然砂，每批总量不得超过400m^3或600t。对分散生产或用小型运输工具运送的产地和规格均相同的砂，以200m^3或300t为一批。不足上述规定数量者也以一批论。

对已进行全面检验，质量符合标准规定，准予由产地组织运输进厂（场）的天然砂，进厂（场）时应按批检验其颗粒级配和含泥量。对零散供应或检验制度不健全的单位供应的砂，进厂（场）前应按《普通混凝土用砂、石质量标准及检验方法》JGJ 52—2006的规定进行全面检验。

对已经检验合格并掌握质量情况的堆放于厂内或搅拌楼料仓内的砂，如堆存时间过久，或遇有可能影响质量情况时，使用前应进行复验，并按复验结果使用。

砂的检验结果有不符合标准规定的指标时，可根据混凝土工程的质量要求，结合本地区的具体情况，提出相应的措施，经过试验证明能确保工程质量，且经济上又较合理时，方可允许应用该砂拌制混凝土。实验室的砂检验报告如图2-13所示。

③ 卵（碎）石的质量审查

质量要求卵石或碎石（以下简称为卵（碎）石）的质量，应符合《建筑用卵石、碎石》GB/T 14685—2011的规定。对接触水或处于高湿环境中的总碱含量较高的混凝土用碎（卵）石的质量，应符合有关标准关于碱活性的规定。

碎石或卵石中的含泥量表 **表2-5**

混凝土强度等级	≥C60	C30～C55	≤C25
含泥量（按质量计，%）	≤0.5	≤1.0	≤2.0

<table>
<tr><td colspan="9">××××有限公司中心实验室</td></tr>
<tr><td colspan="9">砂检验报告</td></tr>
<tr><td colspan="4"></td><td colspan="2">报告日期</td><td colspan="3">2016-5-24</td></tr>
<tr><td colspan="2">工程编号</td><td colspan="2">———</td><td colspan="2">报告编号</td><td colspan="3">CSYD/S-2016-026</td></tr>
<tr><td colspan="2">检验单位</td><td colspan="2">××××有限公司中心实验室</td><td colspan="2">检验类型</td><td colspan="3">自检</td></tr>
<tr><td colspan="2">工程部位</td><td colspan="2">预制构件</td><td colspan="2">样品编号</td><td colspan="3">S-SY-2016-026</td></tr>
<tr><td colspan="2">代表数量</td><td colspan="2">600t</td><td colspan="2">检验依据</td><td colspan="3">GB/T 14684-2011</td></tr>
<tr><td colspan="2">产地</td><td colspan="2">湘江</td><td colspan="2">种　　类</td><td colspan="3">天然砂</td></tr>
<tr><td colspan="2">收样日期</td><td colspan="2">2016-5-23</td><td colspan="2">试验日期</td><td colspan="3">2016-5-23</td></tr>
<tr><td rowspan="12">试验结果</td><td colspan="8">一、筛分析</td></tr>
<tr><td>筛孔尺寸（mm）</td><td>4.75</td><td>2.36</td><td>1.18</td><td>0.6</td><td>0.3</td><td>0.15</td><td>细度模数</td></tr>
<tr><td>累计筛余（%）</td><td>2</td><td>23</td><td>42</td><td>60</td><td>89</td><td>94</td><td>3</td></tr>
<tr><td>二、表观密度（kg/m³）</td><td colspan="7">2670</td></tr>
<tr><td>三、堆积密度（kg/m³）</td><td colspan="7">1560</td></tr>
<tr><td>四、紧密密度（kg/m³）</td><td colspan="7">1860</td></tr>
<tr><td>五、含泥量（%）</td><td colspan="7">2.8</td></tr>
<tr><td>六、泥块含量（%）</td><td colspan="7">0.3</td></tr>
<tr><td>七、MB值（g/kg）</td><td colspan="7">———</td></tr>
<tr><td>八、亚甲蓝快速实验</td><td colspan="7">———</td></tr>
<tr><td>九、吸水率（%）</td><td colspan="7">———</td></tr>
<tr><td>十、含水率（%）</td><td colspan="7">———</td></tr>
<tr><td colspan="9">结论：</td></tr>
<tr><td colspan="9">本试样按细度模数分属中砂，其级配属Ⅱ区，含泥量、泥块含量符合Ⅱ类砂的要求，表观密度、堆积密度指标合格。</td></tr>
</table>

图 2-13　砂检验报告

对于有抗冻、抗渗或其他特殊要求的混凝土，其所用碎石或卵石的含泥量不应大于1.0%。当碎石或卵石的含泥是非黏土质的石粉时，其含泥量可由表 2-5 的 0.5%、1.0%、2.0%，分别提高到 1.0%、1.5%、3.0%。

卵石的强度用压碎值指标见表 2-6。

卵石的强度用压碎值指标表　　　　**表 2-6**

混凝土强度等级	C40～C60	≤C35
压碎指标值（%）	≤12	≤16

碎石和卵石的坚固性应用硫酸钠溶液法检验，试样经 5 次循环后，其质量损失应符合表 2-7 的规定。

碎石和卵石的坚固性检测表 **表 2-7**

混凝土所处的环境条件及其性能要求	5 次循环后的质量损失（%）
在严寒及寒冷地区室外使用，并经常处于潮湿或干湿交替状态下的混凝土，有腐蚀性介质作用或经常处于水位变化区的地下结构或有抗疲劳、耐磨、抗冲击等要求的混凝土	≤8
在其他条件下使用的混凝土	≤12

碎石或卵石中的硫化物和硫酸盐含量，以及卵石中有机物等有害物质含量应符合表 2-8 的规定。

碎石或卵石中的硫化物和硫酸盐含量表 **表 2-8**

项　　目	质　量　要　求
硫化物及硫酸盐含量（折算成 SO_3，按质量计，%）	≤1.0
卵石中有机物含量（用比色法试验）	颜色应不深于标准色。当颜色深于标准色时，应配制成混凝土进行强度对比试验，抗压强度比应不低于 0.95

当碎石或卵石中含有颗粒状硫酸盐或硫化物杂质时，应进行专门检验，确认能满足混凝土耐久性要求后，方可采用。

碎石或卵石取样

取样应按《普通混凝土用砂、石质量及检验方法标准》JGJ 52—2006 的规定进行。

每批总量不得超过 400m^3 或 600t。对分散生产或用小型运输工具运送的产地和规格均相同的卵（碎）石，以 200m^3或 300t 为一批。不足上述规定数量者也以一批论。实验室的碎（卵）石检验报告如图 2-14 所示。

④ 轻骨料的质量审查

a. 质量要求

拌制轻骨料混凝土用的粉煤灰陶粒和陶砂、黏土陶粒和陶砂、页岩陶粒和陶砂，以及天然轻骨料等的质量，应分别符合《轻集料及其试验方法　第 1 部分：轻集料》GB/T 17431.1—2010 的规定。其他种类的轻骨料应符合相应标准的规定或设计的要求。

b. 取样

轻骨料的检验试样应按下列规定采集：

粉煤灰陶粒和陶砂、黏土陶粒和陶砂、页岩陶粒和陶砂按同品种、同密度等级每 300m^3为一批，不足 300m^3者也以一批论。天然轻骨料按同品种、同密度等级每 500m^3为一批，不足 500m^3者也以一批论。

轻骨料的检验试样应按下列规定采集：

在料堆上取样时，从料堆的顶部到底部不同方向、不同部位的 10 处采集等量试样组成一组试样。从袋装料取样时，任取 10 袋，每袋采取等量试样组成一组试样。从皮带运输机取样时，按一定时间间隔采取 10 份等量试样组成一组试样。

⑤ 水的质量审查

混凝土拌制及养护用水应符合现行行业标准《混凝土用水标准》JGJ 63—2006 的规

××××有限公司中心实验室			
碎（卵）石检验报告			
		报告日期	2016-5-24
工程编号		报告编号	CSYD/G-2016-027
检验单位	××××有限公司中心实验室	检验类别	自检
工程部位	预制构件	样品编号	C-SY-2016-027
代表数量	600t	检验依据	GB/T 14685-2011
种类、产地	卵石 湘江	公称颗粒（mm）	5～25
收样日期	2016-5-23	试验日期	2016-5-23

试验结果

一、筛分析

筛孔尺寸（mm）	75	63	53	37.5	32	19	16	9.5	4.75	2.36
累计筛余 实测值	0	0	0	0	0	6	45	82	94	100

二、含泥量（%）	0.4
三、泥块含量（%）	0.1
四、针、片状颗粒含量（%）	6
五、压碎指标值（%）	5
六、表观密度（kg/m^3）	2690
七、堆积密度（kg/m^3）	1560
八、碱活性指标	——

九、其他			
吸水率（%）	——	含水率（%）	——
抗压强度比	——	岩石立方体强度（Mpa）	——
坚固性（以质量损失%计）	——	硫化物及硫酸盐含量（W、SO_3%计）	——
比标准颜色（比色法）	——	磨耗率（%）	——
空隙率（%）	——		

结论：试样经检验，级配符合（5~25）mm连续粒级，压碎指标值符合Ⅰ类碎石要求，针片状颗粒含量、含泥量、泥块含量符合Ⅱ类碎石要求，表观密度、堆积密度品质指标合格。

图 2-14 碎（卵）石检验报告

定。凡符合国家标准的生活饮用水，可不检测直接用以拌制混凝土。当采用地表水、地下水或工业废水时，应进行检验，符合下列规定方可用以拌制混凝土：

a. 拌合用水应不影响混凝土的和易性及凝结；不影响混凝土强度的发展；不降低混凝土的耐久性；不加快钢筋的锈蚀及导致预应力钢筋脆断；不污染混凝土表面。

b. 拌合用水的 pH 值、不溶物、可溶物、氯化物、硫酸盐及硫化物的含量应符合表 2-9 的规定。

混凝土矿物质含量表（mg/L） **表 2-9**

项　　目	预应力混凝土	钢筋混凝土	素混凝土
pH 值	＞4	＞4	＞4
不溶物	＜2000	＜2000	＜5000
可溶物	＜2000	＜5000	＜10000
氯化物（Cl^-）	＜500	＜1200	＜3500
硫酸盐（SO_4^{2-}）	＜600	＜2700	＜2700
硫化物（S^{2-}）	＜100	—	—

注：使用钢丝或经热处理的钢筋的预应力混凝土氯化物含量不得超过 3500mg/L。

⑥ 粉煤灰及其他矿物质掺合料的质量审查

a. 进厂（场）的粉煤灰必须附有供灰单位的出厂合格证。对进厂（场）粉煤灰应检查核对生产厂名、合格证编号、批号、生产日期、粉煤灰等级、数量及质量检验结果等。

b. 粉煤灰的细度、烧失量和需水量比及其他项目的检验方法，应分别按《粉煤灰混凝土应用技术规范》GB/T 50146—2014、《水泥化学分析方法》GB/T 176—2008、《水泥胶砂干缩试验方法》JG/T 603—2004 及《用于水泥和混凝土中的粉煤灰》GB/T 1596—2017 的规定进行。

c. 非商品粉煤灰及其他矿物质掺合料，使用前必须作全面检验，并对其质量稳定性进行一段时间的连续检验，并应进行混凝土和易性、强度及耐久性试验，合格后方可使用。

d. 粉煤灰的检验试样应按批采样，粉煤灰以 1 昼夜连续供应相同等级的 200t（以含水率小于 1%的干灰计）为一批，不足 200t 者也按一批论。实验室的粉煤灰检验报告如图 2-15 所示。

××××有限公司中心实验室					
粉煤灰检验报告					
				报告日期：	2016/05/11
工程编号	-------			报告编号	CSYD/F-2016-014
检验单位	××××有限公司中心实验室			检验类别	自检
工程部位	预制构件			样品编号	F-SY-2016-014
生产厂家	长安益阳			检验依据	GB/T 1596-2005
批　　号	2016050802A			等　级	Ⅱ级
代表数量	200t	取样日期	2016-5-8	试验日期	2016-5-8
实验结果	一、细度	0.045mm方孔筛筛余（%）	18.8		
	二、烧失量	（%）	1.9		
	三、需水量比	（%）	101		
	四、含水量	（%）	0.2		
	五、三氧化硫	（%）	——		
	六、游离氧化钙	（%）	——		
	七、安定性	（mm）	——		
结论：样品经检验，所检各项性能指标符合Ⅱ级粉煤灰的要求。					

图 2-15　粉煤灰检验报告

⑦ 外加剂（减水剂、早强剂）的质量审查

混凝土外加剂的质量应符合《混凝土外加剂》GB 8076—2008 的规定，掺外加剂的混凝土性能应符合标准规定。

进厂的外加剂，必须附有生产厂的质量证明书。对进厂外加剂应检查核对其生产厂名、品种、包装、重量、出厂日期、质量检验结果等。需要时，还应检验其氯化物、硫酸盐以及钾、钠等需控制的物质的含量，经验证确认对混凝土无有害影响时方可使用。

试样的采集

各类外加剂的检验方法，应按《混凝土外加剂》GB 8076—2008、《混凝土外加剂匀质性试验方法》GB/T 8077—2012、《混凝土外加剂应用技术规范》GB 50119—2013 等规范进行。个别项目检验方法尚无国家标准时，可按供需双方协商制定的方法进行。

外加剂的检验试样应按每一品种、每次进料为一批采样。采取试样时，视每批进料时包装容器的容积、数量，或逐件取样，或随机任取几件采取试样进行检验。实验室混凝土外加剂检验报告如图 2-16 所示。

<table>
<tr><td colspan="7">××××有限公司中心实验室</td></tr>
<tr><td colspan="7">混凝土外加剂检验报告</td></tr>
<tr><td colspan="7">报告日期：2016/05/12</td></tr>
<tr><td>工程编号</td><td colspan="3">-------</td><td>报告编号</td><td colspan="2">CSYD/W-2016-002</td></tr>
<tr><td>检验单位</td><td colspan="3">××××有限公司中心实验室</td><td>检验类别</td><td colspan="2">自检</td></tr>
<tr><td>工程部位</td><td colspan="3">预制构件</td><td>样品编号</td><td colspan="2">W-SY-2016-002</td></tr>
<tr><td>生产厂商</td><td colspan="3">西卡</td><td>检验依据</td><td colspan="2">GB8076-2008</td></tr>
<tr><td>型号规格</td><td colspan="3">标准型高效减水剂</td><td>收样日期</td><td colspan="2">2016年4月12日</td></tr>
<tr><td>生产厂家</td><td>西卡</td><td>代表数量</td><td>5t</td><td>试验日期</td><td colspan="2">2016-4-12至2016-5-10</td></tr>
<tr><td colspan="2" rowspan="2">检验项目</td><td rowspan="2">单位</td><td colspan="2">标准要求</td><td rowspan="2">检验结果</td><td rowspan="2">单项评定</td></tr>
<tr><td>标准型</td><td>缓凝型</td></tr>
<tr><td colspan="2">减水率</td><td>%</td><td>≥14</td><td>≥14</td><td>28.0</td><td>合格</td></tr>
<tr><td colspan="2">泌水率比</td><td>%</td><td>≤90</td><td>≤100</td><td>——</td><td>——</td></tr>
<tr><td colspan="2">含气量</td><td>%</td><td>≤3.0</td><td>≤4.5</td><td>——</td><td>——</td></tr>
<tr><td rowspan="2">凝结时间差</td><td>初凝</td><td rowspan="2">min</td><td rowspan="2">−90~+120</td><td rowspan="2">＞+90</td><td>——</td><td>——</td></tr>
<tr><td>终凝</td><td>——</td><td>——</td></tr>
<tr><td rowspan="4">抗压强度比</td><td>1d</td><td>%</td><td>≥140</td><td>——</td><td>222</td><td>合格</td></tr>
<tr><td>3d</td><td>%</td><td>≥130</td><td>——</td><td>187</td><td>合格</td></tr>
<tr><td>7d</td><td>%</td><td>≥125</td><td>≥125</td><td>177</td><td>合格</td></tr>
<tr><td>28d</td><td>%</td><td>≥120</td><td>≥120</td><td>144</td><td>合格</td></tr>
<tr><td>收缩率比</td><td>28d</td><td>%</td><td>≤135</td><td>≤135</td><td>——</td><td>合格</td></tr>
<tr><td colspan="2" rowspan="2">含固量（水剂）</td><td rowspan="2">%</td><td colspan="2">S＞25%时，应控制在0.95S～1.05S间</td><td rowspan="2">49.3</td><td rowspan="2">合格</td></tr>
<tr><td colspan="2">S≤25%时，应控制在0.90S～1.10S间</td></tr>
<tr><td colspan="2" rowspan="2">密度</td><td rowspan="2">g/cm³</td><td colspan="2">D＞1.1时，应控制在D±0.03</td><td rowspan="2">1.106</td><td rowspan="2">合格</td></tr>
<tr><td colspan="2">D≤1.1时，应控制在D±0.02</td></tr>
<tr><td colspan="2">pH值</td><td>/</td><td colspan="2">应在生产厂家控制范围内</td><td>5.0</td><td>合格</td></tr>
<tr><td colspan="2">检验结论</td><td colspan="5">样品经检验，所检项目符合GB8076-2008《混凝土外加剂》标准规定的要求。</td></tr>
</table>

图 2-16 混凝土外加剂检验报告

⑧ 钢筋的质量审查

a. 钢筋进场验收；

b. 取样送检；

c. 检验报告，如图 2-17 所示。

d. 钢筋贮存

钢筋在运输时应按品种、牌号、规格及批号分类放置，注意保持扎捆完整、不混杂、

××××有限公司中心实验室					
钢筋检验报告					
				报告日期	2016-1-7
工程名称	——	结构部位	预制构件	报告编号	CSYD/GJ-2016-001
检测单位	xxx有限公司中心实验室	检测类别	自检	记录编号	2016001
检测设备	WE-300B型万能试验机	进场日期	2016-1-7	检测日期	2016年-01-07
检测依据	GB1499.2-2007《钢筋混凝土用钢 第二部分：热轧带肋钢筋》			检测环境	室温

样品编号	钢筋种类及牌号	生产厂家及批号	代表数量（t）	公称直径（mm）	重量偏差（%）	拉伸性能					弯曲性能			检测结论
						屈服强度（Mpa）	抗拉强度（Mpa	总伸长率	强屈比	超强比	弯心直径（mm）	弯曲角度（°）	结果	
GJ-SY-2016-001	HRB400	华凌湘钢 1520609-3	12.78	10	-1.4	465	645	24	1.39	1.16	40	180	合格	样品经检验，所检项目符合GB 1499.2-2007《钢筋混凝土用钢 第二部分：热轧带肋钢筋》标准规定要求
						460	635	24	1.4	1.15	40	180	合格	
GJ-SY-2016-002	HRB400	华凌湘钢 15309814-3	6.18	8	-1.4	460	660	25	1.43	1.15	32	180	合格	样品经检验，所检项目符合GB 1499.2-2007《钢筋混凝土用钢 第二部分：热轧带肋钢筋》标准规定要求
						465	655	25	1.41	1.16	32	180	合格	
GJ-SY-2016-003	HRB400	江西萍钢 31535823	2.35	12	-2	450	615	25	1.37	1.13	48	180	合格	样品经检验，所检项目符合GB 1499.2-2007《钢筋混凝土用钢 第二部分：热轧带肋钢筋》标准规定要求
						450	625	224	1.39	1.13	48	180	合格	
备注														

图 2-17　钢筋检验报告

不受油类等的污染。

贮放钢筋应按品种、牌号、规格及试验编号等挂牌码放。码放时应离地面不小于20cm。直径12mm以上的钢筋应分层码垛。长短不一的钢筋应一端对齐码放。贮放钢筋应防止雨淋、受潮锈蚀和污染。贮放场地应排水通畅，道路平整，便于取运。

3. 预留预埋件检测资料的审查

（1）审查保温材料的样品、检验报告

夹心墙板夹心层中保温材料，应采用低导热系数、低吸水率、抗压强度较高的轻质保温材料，主要检测项为强度、导热性、燃烧性能。聚苯保温板是夹心墙板的重要组成部分，起到保温、降噪、减轻构件重量的作用。实验室委托检测报告如图2-18所示。

（2）预埋灌浆筒质量审查

1）检查灌浆套筒规格、型号、壁厚、材质是否满足工艺设计要求。

2）审查灌浆套筒连接件抗拉强度检测报告，报告内容应包括：①报告编制概况；②检

长沙市城市建设科学研究院					
（长沙市建设工程质量检查中心站）					
挤塑聚苯乙烯泡沫塑料（XPS）检测报告					
委托单号	Z节材0002102	**样品编号**	Z201603589	**报告编号**	Z节材201601351
委托单位	XXXX有限公司			**检测类别**	有见证取样
建设单位	XXXX有限公司			**检测依据**	GB/T 10801.2-2002
工程名称	尖山印象公租房2#栋			**收样日期**	2016-12-5
试件类别	X250			**检测日期**	2016-12-06～2016-12-12
工程部位	外墙保温			**样品规格**	2680mm×600mm×50mm
材料厂商	湖南欧普森节能新材有限公司				
检测项目	密度、导热系数、燃烧性能				
试 测 结 果					
序号	**检测项目**	**单 位**		**标准要求**	**检测结果**
1	压缩强度	kPa		≥250	309
2	导热系数（平均温度25℃）	W/(m·K)		≤0.030	0.0293
3	燃烧性能级别（B2级）	可燃性	20s内火焰尖头是否达到距点火150mm处		否
			20s内是否有燃烧滴落物引燃滤纸		否
以下空白					
结论：所检测项目均达到GB/T 10801.2-2002《绝热用挤塑聚苯乙烯泡沫塑料（XPS）》要求。					
备注：燃烧性能试验结果仅说明材料的试样在本试验特点条件下的性能，不能将其作为评价该材料在实际使用中潜在火灾危险性的唯一依据。					

图 2-18　挤塑聚苯乙烯泡沫塑料检测报告

测鉴定的内容和依据；③检测与鉴定；④结论。

检查各项性能是否满足规范设计及相关规程的要求。

（3）吊钉的质量审查（图 2-19）

图 2-19　吊钉

1）吊钉主要用于PC构件厂内脱模、吊转、装卸车、项目吊装施工，项目监理人员应重点对吊钉质量进行审查。

2）项目监理工程师应对吊钉检查报告中材料性能、化学成分、拉力测试进行审查，各项性能参数是否满足设计工艺要求。

（4）玄武岩钢筋审查（图2-20）

1）玄武岩钢筋主要在夹心PC墙板内叶板和外叶板间起到拉锚连接作用，作为新材料的应用，属于三明治保温板的重要连接构件，项目监理人员应重点对其材质进行审查。

2）项目监理部对玄武岩钢筋检查报告进行审查，检查各项性能参数是否满足工艺设计要求。

图2-20　玄武岩钢筋

（5）玻璃纤维筋审查

1）玻璃纤维连接件由玻璃纤维和树脂制成，具有强度高、弹性好、耐酸碱、传热系数低的特点。

2）构件生产前项目监理部，应对生产构件使用的玻璃纤维筋是否送检进行检查。

3）应对玻璃纤维筋连接件拉拔试验检查报告进行审查，报告内容应包括：①报告编制概况；②检测鉴定的内容和依据；③检测鉴定；④结论。

审查检测的结果是否满足设计工艺及相关规程要求。

4. 见证检验项目

见证检验是在监理单位（建设单位）见证下，按照有关规范规定从制作现场随机取样，送至具备相应资质的第三方检测机构进行检验。见证检验也称为第三方检测。PC构件见证检验项目应包括：

（1）混凝土强度试块取样检测。

（2）钢筋取样检测。

（3）钢筋套筒取样检测。

（4）拉结件取样检测。

（5）预埋件取样检测。

（6）保温材料取样检测。

2.3.2　生产制作工艺的审核

专业监理工程师必须对PC构件的生产工艺流程进行审核。

1. 墙板生产工艺流程

模具清理—模具安装—涂脱模剂—下层钢筋布置—反面预埋安装—振动浇捣—布置挤塑板—玄武岩布置—上层钢筋布置—正面预埋安装—浇捣振动—后处理—进窑养护—出窑拆模—脱模及检验—贴成品标识入库。

2. 楼板生产工艺流程

模具清理—模具安装—涂脱模剂—反面预埋安装—面筋布置—振动浇捣—后处理—进窑养护—出窑拆模—脱模及检验—贴成品标识入库。

3. 楼梯生产工艺流程

模具清理—模具安装—涂脱模剂—底筋布置—反面预埋安装—钢筋布置—振动浇捣—后处理—进窑养护—出窑拆模—脱模及检验—贴成品标识入库。

4. 梁生产工艺流程

模具清理—涂脱模剂—钢筋绑扎—模具安装—预埋安装—振动浇捣—后处理—进窑养护—出窑拆模—脱模及检验—贴成品标识入库。

2.4 标准预制构件生产质量控制和验收监理工作要点

预制构件生产应建立首件验收制度。

首件验收制度是对工程质量管理程序的进一步完善和加强，旨在以首件样本的标准在分项工程每一个检验批的施工过程中推广，认真落实质量控制程序，实现工序检查和中间验收标准化，统一操作规范和工作原则，从而带动工程整体质量水平的提高。首件构件脱模后，应由质量检验部门对该构件进行全面的外观与尺寸检查（必要时还需进行结构检验），经检查合格，质量检验部门同意，报项目监理机构批准后，方可成批生产。

2.4.1 PC构件检验报验程序

1. 构件生产验收的报验程序（图2-21）

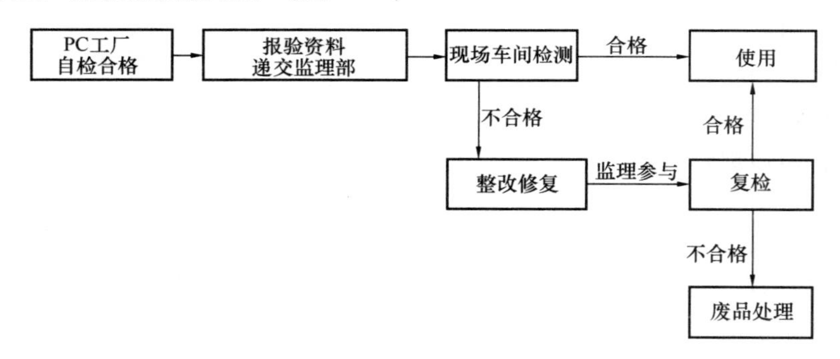

图2-21　报验程序图

2. PC构件制作过程的检验及报验程序

（1）PC构件制作各个作业环节的统计由质检员签字确认，报项目监理部认可。

（2）组模、涂刷脱模剂（或粗糙面缓凝剂）、钢筋制作、钢筋安装、套筒安装、预埋件安装等环节，必须检验合格并经驻厂监理完成隐蔽工程验收后才能进行下一道工序；下一道工序作业指令必须经质检员同意并签字后方可以下达。

（3）混凝土试块达到脱模强度，报驻厂监理认可，试验室给出脱模指令，作业班组才可以脱模。

2.4.2 外墙板、内墙板生产监理及要求

预制混凝土夹芯保温外墙板（precast sandwich wall panel），是由两层混凝土墙板通过连接件相连，中间夹有轻质高效保温材料的墙板，局部与竖向现浇结构接触部位兼做模板。邻近室内的墙板称为内叶墙板，邻近室外的墙板称为外叶墙板。简称预制外墙板。外墙板分为一般外墙板和外挂式墙板。预制外墙板如图 2-22 所示。

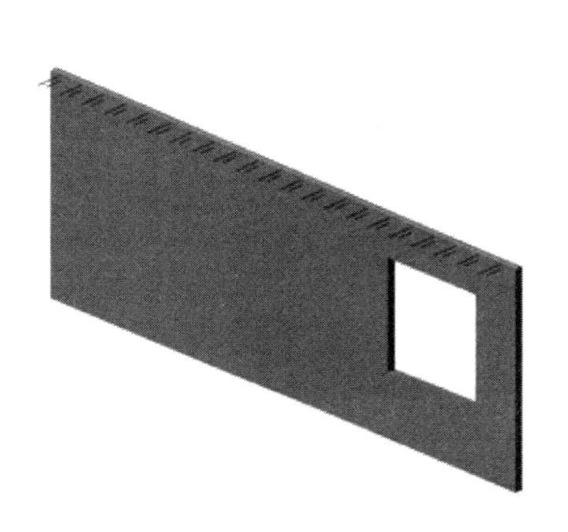

图 2-22 预制外墙板

1. 构件生产模具监理检查的内容

（1）检查验收内容

1）形状、质量观感。

2）拼装尺寸偏差。

3）平面平整度。

4）边缘、转角规整度。

5）套筒、预埋件定位。

6）孔眼定位。

7）出筋定位。

8）拼接处密实情况。

9）组模后牢固程度。

10）模具的刚度。

（2）模具尺寸偏差检验方法

根据国家标准《装配式混凝土建筑技术标准》GB/T 51231—2016 给出了模具尺寸允许偏差和检验方法，详见表 2-10。

（3）模具上预埋件、预留孔洞安装允许偏差（表 2-11）

2. 钢筋制作加工监理的检查内容

检查验收内容如下（表 2-12）：

预制构件模具尺寸的允许偏差和检验方法　　表 2-10

项次	检验项目及内容		允许偏差（mm）	检验方法
1	长度	≤6m	1，−2	用钢尺量平行构件高度方向，取其中偏差绝对值较大处
		>6m 且≤12m	2，−4	
		>12m	3，−5	
2	截面尺寸	墙板	1，−2	用钢尺测量两端或中部，取其中偏差绝对值较大处
3		其他构件	2，−4	
4	对角线差		3	用钢尺纵、横两个方向对角线
5	侧向弯曲		$L/1500$ 且≤5	拉线，用钢尺量测侧向弯曲最大处
6	翘曲		$L/1500$	对角拉线测量交点间距离值的两倍
7	底模表面平整度		2	用 2m 靠尺和塞尺量
8	组装缝隙		1	用塞片或塞尺量
9	端模与侧模高低差		1	用钢尺量

注：L 为模具与混凝土接触面中最长边的尺寸。

模具上预埋孔洞安装允许偏差　　表 2-11

项　目	检验项目		允许偏差(mm)	检验方法
1	预埋钢板、建筑幕墙用槽式预埋组件	中心线位置	3	用尺测量纵横两个方向的中心线位置，取其中较大值
		平面高差	±2	尺量
2	预埋管、电线盒、电线管水平和垂直度放线的中心线位置偏移		2	用尺测量纵横两个方向的中心线位置，取其中较大值
3	插筋	中心线位置	3	用尺测量纵横两个方向的中心线位置，取其中较大值
		外露长度	±10	尺量
4	吊环	中心线位置	3	用尺测量纵横两个方向的中心线位置，取其中较大值
		外露长度	0，−5	尺量
5	预埋螺栓	中心线位置	2	用尺测量纵横两个方向的中心线位置，取其中较大值
		外露长度	+5，0	尺量
6	预埋螺母	中心线位置	2	用尺测量纵横两个方向的中心线位置，取其中较大值
		平面高差	±1	尺量
7	预埋洞	中心线位置	3	用尺测量纵横两个方向的中心线位置，取其中较大值
		尺寸	+3，0	用尺测量纵横两个方向的尺寸，取其中较大值

续表

项　目	检验项目		允许偏差(mm)	检验方法
8	灌浆套筒及连接钢筋	灌浆套筒中心线位置	1	用尺测量纵横两个方向的中心线位置，取其中较大值
		连接钢筋中心线位置	1	用尺测量纵横两个方向的中心线位置，取其中较大值
		连接钢筋外露尺寸	+5，0	尺量

钢筋成品的允许偏差和检验方法 **表 2-12**

项　目			允许偏差（mm）	检验方法
钢筋网片	长、宽		±5	尺量
	网眼尺寸		±10	尺量连续 3 个网眼，取最大值
	对角线		5	尺量
	端头不齐		5	尺量
钢筋骨架	长		0，−5	尺量
	宽		±5	尺量
	高（厚）		±5	尺量
	主筋间距		±10	尺量两端、中间各一点，取最大值
	主筋排距		±5	尺量两端、中间各一点，取最大值
	箍筋间距		±10	尺量连续 3 挡，取最大值
	弯起点位置		15	尺量
	端头不齐		5	尺量
	保护层	柱、梁	±5	尺量
		板、墙	±3	尺量

1）检查钢筋成品的偏差按表 2-12 进行检查。

2）检查钢筋连接质量

钢筋连接质量除应符合《混凝土结构工程施工规范》GB 50666—2011 的规定外，还应对下列内容进行检查：

① 钢筋接头的方式、位置、钢筋的锚固长度应符合设计和国家现行相关标准要求；

② 钢筋焊接接头、机械连接接头和灌浆套筒连接接头均应进行工艺检验；

③ 钢筋焊接接头和机械连接接头应全数进行外观检查，并有相应的送检合格报告；

④ 螺纹接头应使用专用扭力扳手拧紧至规定扭力值。

3）检查箍筋位置和数量

根据生产墙板设计构造工艺设计配筋详图，对箍筋具体数量及安装位置进行检查验收。

4）检查拉筋位置和数量

根据生产墙板设计构造工艺设计配筋详图，核对墙板拉结筋数量及安装位置，拉结筋与内外叶钢筋的固定方式进行检查。

5）检查绑扎是否牢固。

6）检查模具内钢筋安装质量

钢筋入模安装后检查钢筋与模具相对位置允许偏差值、加设保护层厚度、预留洞口位置是否准确，外露钢筋长度位置是否满足设计要求等。

3. 夹心保温板制作安装报监理检查的要求

检查验收内容

1）夹心保温板材质

夹心保温材料使用前应取样送检，现场随机取样每进场 5000m^2 取一块样送检，检查其传热系数、燃烧性能等各项性能是否满足规范设计要求；材料具体的规格型号是否满足设计要求。

2）安装位置尺寸

根据工艺设计详图，检查夹心保温板的具体下料尺寸大小；埋设位置应准确固定。

3）保温板与内外叶连接

根据工艺设计详图，检查保温板与内外叶固定点数量、位置、固定方式是否满足设计工艺要求。

4. 预留预埋报监理检查的要求

（1）灌浆套筒检查验收内容

1）灌浆套筒材质

检查灌浆套筒材质是否满足设计工艺要求、规格型号等。

2）安装位置

检查灌浆套筒安装位置、套筒间相对位置、套筒与模具位置及固定、套筒埋设深度、套筒周边固定、套筒安装垂直度等是否满足设计施工要求，构件浇筑有无防堵塞措施。模具预留孔中心位置允许偏差见表 2-13。

3）工艺检验试验

套筒使用前先对套筒进行工艺检验，检查灌浆套筒钢筋与灌浆料灌入后达到检测条件做检验试验，灌浆套筒节点能否满足设计要求。

模具预留孔中心位置允许偏差 **表 2-13**

序 号	检查项目及内容	允许偏差（mm）	检验方法
1	预埋件、插筋、吊环预留孔洞中心线位置	3	尺量
2	预埋螺栓、螺母中心线位置	2	尺量
3	灌浆套筒中心线位置	1	尺量

（2）连接套筒、拉模套筒检查验收的内容

1）套筒材质的要求

套筒安装前检查连接套筒和拉模套筒规格型号是否满足设计要求、材质是否满足国家标准。

2）套筒安装位置的要求

连接套筒预埋位置是否准确、拉模套筒位置分布间距是否正确、套筒埋设深度及固定方式等是否满足工艺设计要求；构件浇筑时套筒有无防堵塞措施。

3）套筒工艺的要求

套筒抗拉拔力检测、拉模套筒单点受力检测等。

（3）水电预埋检查验收内容

1）材质检查的要求

检查水点预埋材料规格型号是否满足规范要求、使用前是否送检合格。

2）布线的要求

检查布线弯折角度、线管与线盒是否连通、线管与线盒固定是否牢固、线管布线是否固定稳固等。

3）线盒位置的要求

检查线盒位置标高、墙板面相对位置、预埋规整度等。

4）预留孔洞位置大小的要求

检查墙板厨房排气孔预埋、卫生间排气孔、空调冷凝水管孔是否预留，位置大小是否符合设计图纸要求等。

（4）吊点检查验收内容

1）吊钉材质的检验的要求

核查吊钉的材质检测强度、各项检测性能参数等。

2）吊装位置及数量检查的要求

检查埋设吊钉的数量是否与工艺图纸相符、吊钉埋设位置是否正确、吊钉埋设深度是否合适等。

3）吊钉固定检查的要求

检查吊钉制作固定是否与工艺设计图纸相符、吊钉埋设是否规整、固定加固方式是否到位等。

5. 混凝土浇筑、养护、脱模检查验收内容

（1）抽检混凝土各项性能指标的检查

对拌制好的混凝土检查其流动性、粘聚性、保水性，实测坍落度，校对混凝土拌制电子配料单各项重量与配比、水灰比等。

（2）混凝土浇筑试块留置的检查

检查试块留置标准、试块养护。

（3）构件养护的检查

检查构件养护条件、养护周期。

（4）构件脱模的检查

检查构件拆模强度、拆模质量。

6. 外形表观检测的检查

（1）构件观察质量判定方法（表 2-14）。

（2）预制构件尺寸检查允许偏差（表 2-15）

（3）预留洞口及位置检查

检查预留洞口尺寸、墙板上相对位置等。

构件观感质量判定方法 **表 2-14**

项目	现象	质量要求	检验方法
露筋	钢筋未被混凝土完全包裹	受力主筋不应有，其他构造钢筋和箍筋允许少量	观察
蜂窝	混凝土表面石子外露	受力主筋部位和支撑点位置不应有，其他部位允许少量	观察
孔洞	混凝土中孔穴深度和长度超过保护层	不应有	观察
外形缺陷	缺棱掉角、表面翘曲	清水表面不应有，浑水表面不宜有	观察
外表缺陷	表面麻面、起砂、掉皮、污染	清水表面不应有，浑水表面不宜有	观察
连接部位缺陷	连接钢筋、连接件松动	不应有	观察
破损	影响外观	影响结构性能的破损不应有，不影响结构性能和使用功能的破损不宜有	观察
裂缝	裂缝贯穿保护层到达构件内部	影响结构性能的裂缝不应有，不影响结构性能和使用功能的裂缝不宜有	观察

预制构件尺寸检查允许偏差 **表 2-15**

项目			允许偏差（mm）	检验方法
长度	板、梁、柱、桁架	<12m	±5	尺量检查
		≥12m 且<18m	±10	
		≥18m	±20	
	墙板		±4	
宽度、高（厚）度	板、梁、柱、桁架截面尺寸		±5	钢尺量一端及中部取其中偏差绝对值较大处
	墙板的高度、厚度		±3	
表面平整度	板、梁、柱、墙板内表面		5	2m 靠尺和塞尺检查
	墙板外表面		3	
侧向弯曲	板、梁、柱		$L/750$ 且≤20	拉线、钢尺量侧向最大弯曲处
	墙板、桁架		$L/1000$ 且≤20	
翘曲	板		$L/750$	调平尺在梁端量测
	墙板		$L/1000$	
对角线差	板		10	钢尺量两个对角线
	墙板门窗口		5	
挠度	梁、板、桁架设计起拱		±10	拉线、钢尺量最大弯曲处
	梁、板、桁架下垂		0	
预留孔	中心线位置		5	尺量检查
	孔尺寸		±5	
预留洞	中心线位置		10	尺量检查
	孔洞尺寸、深度		±10	

续表

项目		允许偏差（mm）	检验方法
门窗洞	中心线位置	5	尺量检查
	宽度、高度	±3	
尺量检查预埋件	预埋件锚板中心线位置	5	尺量检查
	预埋件锚板与混凝土面平面高差	0，－5	
	预埋螺栓中心线位置	2	
	预埋螺栓外露长度	＋10，－5	
	预埋套筒、螺母中心线位置	2	
	预埋套筒、螺母与混凝土平面高差	0，－5	
	线管、电盒、木砖、吊环在构件平面的中心线位置偏差	20	
	线管、电盒、木砖、吊环与构件表面混凝土高差	0，－10	
预留插筋	中心线位置	3	尺量检查
	外露长度	＋5，－5	
键槽	中心线位置	5	尺量检查

7. 外墙板型式检验报告的审核

根据《混凝土结构工程施工质量验收规范》GB 50204—2015 的要求，监理人员应对工厂提供的预制外墙板型检报告进行审核。

型式检验报告内容审查包括：

1）工程概况。

2）检测鉴定的内容和依据。

3）检测与鉴定

① 外观质量；

② 尺寸偏差；

③ 钢筋保护层厚度；

④ 混凝土抗压强度；

⑤ 放射性核素限量；

⑥ 结论。

审核各项检测指标是否满足设计规范及相关规程要求。

2.4.3 隔墙板生产监理及要求（图 2-23）

1. 构件生产模具监理的检查

（1）检查验收内容

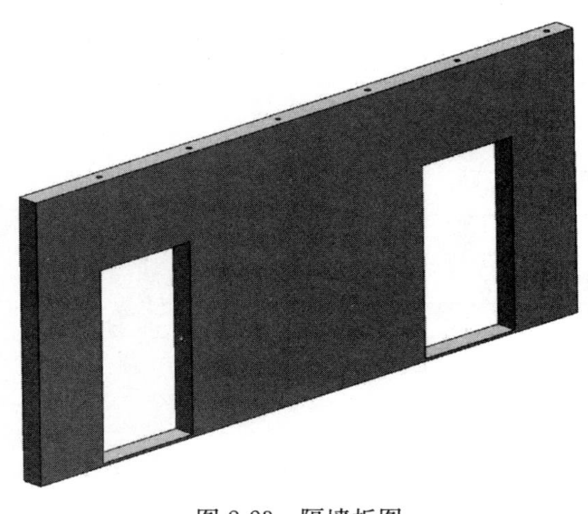

图 2-23　隔墙板图

1）形状、质量观感。

2）拼装尺寸偏差。

3）平面平整度。

4）边缘、转角规整度。

5）拼接处密实情况。

6）组模后牢固程度。

7）模具的刚度。

（2）模具尺寸偏差检验方法

根据国家标准《装配式混凝土建筑技术标准》GB/T 51231—2016 给出了模具尺寸允许偏差和检验方法，预制详见表 2-10。

2. 钢筋制作安装监理的检查

检查验收内容

1）钢筋下料尺寸偏差根据表 2-12 进行检查。

2）绑扎固定。

3）模具内钢筋安装质量。

钢筋入模安装后检查钢筋与模具相对位置允许偏差值、加设保护层厚度、预留洞口位置是否准确，外露钢筋长度及位置是否满足设计要求等。

3. 预留预埋报监理检查的要求

（1）吊点检查验收内容

1）吊钉材质

检查吊钉的材质、强度、各项检测性能参数等。

2）吊装位置及数量

检查埋设吊钉的数量是否与工艺图纸相符、吊钉埋设位置是否正确、吊钉埋设深度是否合适等。

3）吊钉安装固定

检查吊钉安装固定是否与工艺设计图纸相符、吊钉埋设是否规整、固定加固方式是否到位等，按照表 2-13 进行检查。

（2）水电预埋槽口检查

检查墙板上槽口位置、高度、有无反向错误等。

4. 混凝土浇筑、养护、脱模检查验收内容

（1）抽检混凝土各项性能指标

对拌制好的混凝土检查其流动性、粘聚性、保水性，实测坍落度，核对混凝土拌制电子配料单各项重量与配比、水灰比等。

（2）混凝土浇筑试块留置

检查试块留置标准、试块养护。

（3）构件养护

检查构件养护条件、养护周期。

（4）构件脱模

检查构件拆模强度、拆模质量。

5. 外形表观检测检查验收内容

（1）构件外观质量，根据表 2-14 进行检查。

（2）构件尺寸根据表 2-15 进行检查。

6. 隔墙板型式检验报告的审核

根据《混凝土结构工程施工质量验收规范》GB 50204—2015 的要求，监理人员应对工厂提供的预制隔墙板型检报告进行审核。

型检报告内容审查包括：

1）工程概况。

2）检测鉴定的内容和依据。

3）检测与鉴定

① 外观质量；

② 尺寸偏差；

③ 钢筋保护层厚度；

④ 混凝土抗压强度；

⑤ 放射性核素限量；

⑥ 结论。

审核各项检测指标是否满足设计规范及相关规程要求。

2.4.4 叠合楼板生产监理及要求

预制桁架钢筋混凝土叠合楼板（图 2-24）起源于 20 世纪 60 年代的德国，采用在预制混凝土叠合底板上预埋三角形钢筋桁架的方法，现场铺设叠合底板完成后，在底板上浇筑一定厚度的现浇混凝土，形成整体受力的叠合楼盖，叠合底板能够按照单向受力和双向受力设计，经过数十年研究和的实践，其技术性能已与同厚度现浇的楼盖性能基本相当。

由于预制混凝土叠合底板可以在预制厂批量生产，不但生产效率高、产品质量好，而且现场施工时可以大量节省支撑和模板，能够减少楼盖施工的人工和作业用具，降低劳动强度，具有施工速度快、工程造价低的特点。

1. 构件生产模具监理的检查

（1）检查验收内容

1）形状、拼装尺寸偏差。

2）平面平整度。

3）边缘、转角规整度。

4）套筒、预埋件定位。

5）预留孔洞。

6）预应力筋定位固定。

7）拼接处密实情况。

8）组模后牢固程度。

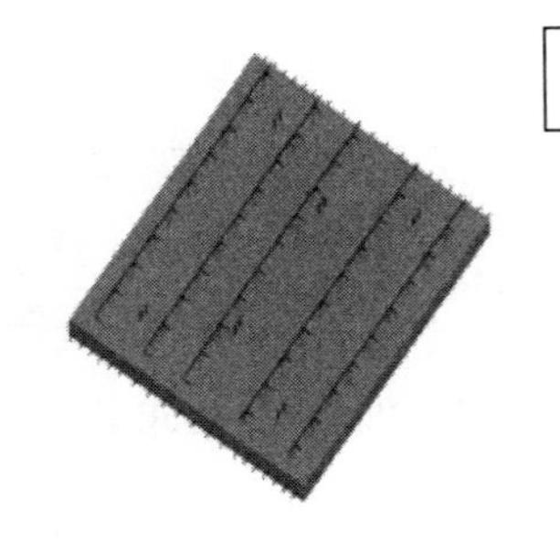

图 2-24　叠合楼板

9）模具的刚度。

（2）模具尺寸偏差检验方法

《装配式混凝土建筑技术标准》GB/T 51231—2016 给出了模具尺寸允许偏差和检验方法，详见表 2-10。

（3）模具上预埋件、预留孔洞安装允许偏差

根据表 2-11 进行检查。

2. 钢筋制作安装监理的检查

（1）检查验收内容

根据表 2-12 进行检查。

（2）桁架钢筋位置及钢筋外露高度

根据生产叠合楼板工艺设计配筋详图，核对叠合楼板桁架钢筋数量及安装位置，并对桁架钢筋高度及露出叠合楼板面高度进行检查（表 2-16）。

钢筋桁架尺寸偏差检查标准和方法表　　**表 2-16**

序号	检验项目	允许偏差（mm）
1	长度	总长度的±0.3%，且不超过±10
2	高度	+1，−3
3	宽度	±5
4	扭翘	≤5

（3）预应力筋

检查预应力筋分布及数量、预应力筋端锚固定、施加预应力值等。

（4）预应力楼板吊环

根据构件尺寸大小布置楼板起吊点位、点位起吊重心与构件中心是否在一条垂直线上、吊环钢筋及锚固是否满足设计图纸要求等。

（5）模具内钢筋安装质量。

钢筋入模安装后检查钢筋与模具相对位置允许偏差值、保护层厚度、预留洞口位置是否准确，外露钢筋长度位置是否满足设计要求等。

3. 混凝土浇筑、养护、脱模监理的检查内容

（1）抽检混凝土各项性能指标

对拌制好的混凝土检查其流动性、粘聚性、保水性，实测坍落度，核对混凝土拌制电子配料单各项重量与配比、水灰比等。

（2）混凝土浇筑试块留置的检查

检查试块留置标准、试块养护。

（3）构件养护

检查构件养护条件、养护周期。

（4）构件脱模

检查构件拆模强度、拆模质量。

4. 外形表观检测验收内容

（1）构件外观质量根据表2-14进行检查。

（2）构件尺寸偏差按照表2-15进行检查。

5. 叠合楼板检验报告的审核

根据《混凝土结构工程施工质量验收规范》GB 50204—2015的要求，监理人员应对工厂提供的叠合楼板型检报告和叠合楼板结构性能检测报告进行审查。

叠合楼板型式检验报告内容

1）工程概况。

2）检测鉴定的内容和依据。

3）检测与鉴定

① 外观质量；

② 尺寸偏差；

③ 钢筋保护层厚度；

④ 混凝土抗压强度；

⑤ 放射性核素限量；

⑥ 结论。

审查各项检测指标是否满足设计规范及相关规程要求。

4）审核预制叠合楼板结构性能检测报告内容

① 工程概况；

② 检测鉴定的内容和依据；

③ 检测与鉴定；

④ 结论。

审查各项检测指标是否满足设计规范相关规程要求。

2.4.5 叠合梁生产监理及要求

叠合梁，预制部分横截面一般为矩形，当楼盖结构为预制装配式楼盖时，在叠合楼板吊装后，完成现浇部分混凝土浇捣，如图2-25所示为现浇叠合梁。

1. 构件生产模具监理检查的内容

（1）检查验收内容

1）形状、质量观感。

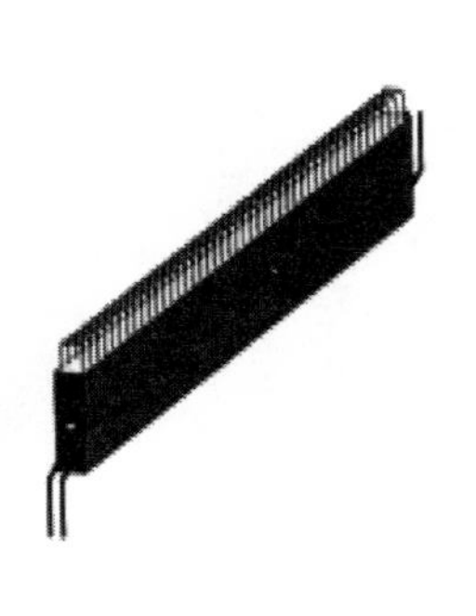

图 2-25　预制叠合梁

2）拼装尺寸偏差。

3）平面平整度。

4）出筋定位。

5）拼接处密实情况。

6）组模后牢固程度。

7）模具的刚度。

（2）模具尺寸偏差检验方法见表 2-10。

2. 钢筋检查验收内容。

（1）钢筋成品的偏差

按表 2-12 进行检查。

（2）钢筋连接质量

钢筋连接质量除应符合《混凝土结构施工规范》GB 50666—2011 的规定外，还应对下列内容进行检查：

1）钢筋接头的方式、位置、钢筋的锚固长度应符合设计和国家现行相关标准要求；

2）钢筋焊接接头、机械连接接头和灌浆套筒连接接头均应进行工艺检验；

3）钢筋焊接接头和机械连接接头应全数进行外观检查，并有相应的送检合格报告；

4）螺纹接头应使用专用扭力扳手拧紧至规定扭力值。

（3）箍筋位置和数量

根据生产墙板设计构造工艺设计配筋详图，对箍筋具体数量安装位置进行检查验收，对部分墙板采用闭合开口箍筋的应参照国家标准检验。

（4）绑扎是否牢固。

（5）模具内钢筋安装质量

钢筋入模安装后检查钢筋与模具相对位置允许偏差值、保护层厚度、预留洞口位置是否准确，外露钢筋长度、位置、弯折方向是否满足设计规范要求等。

3. 混凝土浇筑、养护、脱模等监理的检查内容

（1）抽检混凝土各项性能指标

对拌制好的混凝土检查其流动性、粘聚性、保水性，实测坍落度，核对混凝土拌制电子配料单各项重量与配比、水灰比等。

（2）混凝土浇筑试块留置的检查

检查试块留置标准、试块养护。

（3）构件养护的检查

检查构件养护条件、养护周期。

（4）构件脱模的检查

检查构件拆模强度、拆模质量。

4. 外形表观检测监理检查的内容

（1）构件外观质量按照表 2-14 进行检查。

（2）构件尺寸按照表 2-15 进行检查。

5. 叠合梁型式检验报告的审核

根据《混凝土结构工程施工质量验收规范》GB 50204—2015 的要求，监理人员应对工厂提供的叠合梁型检报告进行审查。

型式检验报告内容审查包括：

1）工程概况。

2）检测鉴定的内容和依据。

3）检测与鉴定

① 外观质量；

② 尺寸偏差；

③ 钢筋保护层厚度；

④ 混凝土抗压强度；

⑤ 放射性核素限量；

⑥ 结论。

审核各项检测指标是否满足设计规范及相关规程要求。

2.4.6 预制楼梯生产及要求

预制楼梯，分为锚入式楼梯和搁置式楼梯两种，两种预制类型在装配式建筑中都经常使用。预制楼梯不参与结构计算，由周围的梁或墙体承担荷载和地震作用力，楼梯仅作为功能部件存在，通过这种优化方式，既可保证结构的安全，又可降低预制构件在安装时节点的处理难度（图 2-26）。

1. 构件生产模具监理检查

（1）检查验收内容

1）形状、质量观感。

2）拼装尺寸偏差。

3）边缘、转角规整度。

4）套筒、预埋件定位。

5）出筋定位。

6）拼接处密实情况。

7）组模后牢固程度。

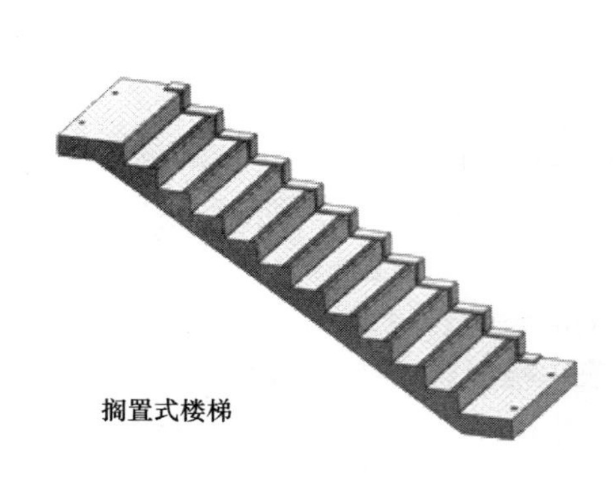

图 2-26 预制楼梯

8）模具的刚度。

（2）模具尺寸偏差检验方法见表 2-10。

2. 钢筋检查验收内容

（1）钢筋成品的偏差

按表 2-12 进行检查。

（2）钢筋连接质量

钢筋连接质量除应符合《混凝土结构施工规范》GB 50666—2011 的规定外，还应对下列内容进行检查：

1）钢筋接头的方式、位置、钢筋的锚固长度应符合设计和国家现行相关标准要求；

2）钢筋焊接接头、机械连接接头；

3）钢筋焊接接头和机械连接接头应全数进行外观检查，并有相应的送检合格报告；

4）螺纹接头应使用专用扭力扳手拧紧至规定扭力值。

（3）梯段锚入定位

根据生产墙板设计构造工艺设计配筋详图，核对梯段端头锚固钢筋数量及安装位置、锚固钢筋外露长度。

（4）核对各类钢筋规格型号、钢筋绑扎是否牢固。

（5）模具内钢筋安装质量

钢筋入模安装后检查钢筋与模具相对位置允许偏差值、保护层厚度、外露钢筋长度位置是否满足设计要求等。

3. 预埋套筒的检查

检查搁置式楼梯预埋套筒位置、套筒材质是否与设计相符。

4. 吊钉的检查

（1）吊钉材质的检查

核查吊钉的材质检测强度、各项检测性能参数等。

（2）吊装位置及数量

检查埋设吊钉的数量是否与工艺图纸相符、吊钉埋设位置是否正确、吊钉埋设深度是否合适等。

（3）吊钉固定

检查吊钉制作固定是否与工艺设计图纸相符、吊钉埋设是否规整、固定加固方式是否到位等，根据表 2-13 进行检查。

5. 混凝土浇筑、养护、脱模的检查

（1）抽检混凝土各项性能指标

对拌制好的混凝土检查其流动性、粘聚性、保水性，实测坍落度，核对混凝土拌制电子配料单各项重量与配比、水灰比等。

（2）混凝土浇筑试块留置的检查

检查试块留置标准、试块养护。

（3）构件养护的检查

检查构件养护条件、养护周期。

（4）构件脱模的检查

检查构件拆模强度、拆模质量。

6. 外形表观检测检查

（1）构件外观质量检查

按照表 2-14 进行检查。

（2）构件尺寸检查

根据表 2-15 进行检查。

7. 预制楼梯验收检验报告

根据《混凝土结构工程施工质量验收规范》GB 50204—2015 的要求，监理人员应对工厂提供的预制楼梯型检报告进行审核。

型式检验报告内容

1）工程概况。

2）检测鉴定的内容和依据。

3）检测与鉴定

① 外观质量；

② 尺寸偏差；

③ 钢筋保护层厚度；

④ 混凝土抗压强度；

⑤ 结构性能；

⑥ 放射性核素限量；

⑦ 结论。

审核各项检测指标是否满足设计规范及相关规程要求。

2.4.7 预制柱生产监理及要求

随着预制装配工业化技术体系的日趋完善，预制构件尤其是预制柱已经大量应用于装配式住宅、桥梁等施工中（图 2-27）。

预制柱因为承重的特殊性，生产制作应严格按设计要求核验钢筋的数量、规格、型号、位置、伸出筋长度；制作过程应严格控制钢筋保护层厚度、混凝土强度标号、脱模强

图 2-27　预制柱

度；保证柱体质量；保证施工预埋斜支撑套筒位置、数量等技术参数符合设计要求。

预制柱的混凝土强度等级一般不得低于 C30。

1. 构件生产模具的检查

（1）检查验收内容

1）形状、质量观感。

2）拼装尺寸偏差。

3）边缘、转角规整度。

4）套筒、预埋件定位。

5）出筋定位。

6）拼接处密实情况。

7）组模后牢固程度。

8）模具的刚度。

（2）模具尺寸偏差检验方法见表 2-10。

2. 钢筋检查验收内容

（1）模具内钢筋安装质量，按表 2-12 进行检查。

（2）钢筋连接质量

钢筋连接质量除应符合《混凝土结构施工规范》GB 50666—2011 的规定外，还应对下列内容进行检查：

1）钢筋接头的方式、位置、钢筋的锚固长度应符合设计和国家现行相关标准要求；

2）钢筋焊接接头、机械连接接头；

3）钢筋焊接接头和机械连接接头应全数进行外观检查，并有相应的送检合格报告；

4）螺纹接头应使用专用扭少扳手拧紧至规定扭力值。

（3）核对各类钢筋规格型号、钢筋绑扎是否牢固。

3. 预埋套筒的检查

检查搁置式楼梯预埋套筒位置、套筒材质是否与设计相符。

4. 吊钉的检查

（1）吊钉材质的检查

核查吊钉的材质检测强度、各项检测性能参数等。

（2）吊装位置及数量

检查埋设吊钉的数量是否与工艺图纸相符、吊钉埋设位置是否正确、吊钉埋设深度是否合适等。

（3）吊钉固定

检查吊钉制作固定是否与工艺设计图纸相符、吊钉埋设是否规整、固定加固方式是否到位等。

5. 混凝土浇筑、养护、脱模的检查

（1）抽检混凝土各项性能指标

对拌制好的混凝土检查其流动性、粘聚性、保水性，实测坍落度，核对混凝土拌制电子配料单各项重量与配比、水灰比等。

（2）混凝土浇筑试块留置的检查

检查试块留置标准、试块养护。

（3）构件养护的检查

检查构件养护条件、养护周期。

（4）构件脱模的检查

检查构件拆模强度、拆模质量。

6. 外形表观检测检查

构件外观质量检查，按照表2-14进行。

2.4.8 PC构件的隐蔽工程验收

1. 隐蔽工程验收流程

（1）隐蔽工程完成自检

工程具备隐蔽条件或者达到约定的中间验收部位，PC构件工厂应先组织相关人员自检验收，验收合格后通知监理部共同检验，通知信息包括隐蔽和中间验收的内容、验收时间、地点。

（2）隐蔽工程验收申报

在隐蔽或中间验收部位验收前48h填写申报材料，递交监理部申请验收。

（3）监理参与共同检验

项目监理部组织相关人员对照施工设计、施工规范进行隐蔽前相关试验或检查，检查或试验结果合格，各方在验收记录上签字后，即可进行工程隐蔽和继续施工。验收不合格，PC构件工厂应在限定时间内整改后继续报验程序。

（4）重新验收

无论监理是否参与验收，当其对某部分工程质量有怀疑，均可要求PC构件工厂重新检验。PC构件工厂接到通知后应按要求进行重新检验，并在检验后重新覆盖和修复。

（5）验收合格

没有按隐蔽工程专项要求办理验收的项目，严禁进行下一道工序施工。

（6）验收记录

隐蔽工程的检查除书面记录外应当有照片或者影响记录，拍照同时应记录该构件的使用项目、检查项目、检查时间、生产单位等。关键部位还应多角度拍照，留存清晰照片。

2. 构件隐蔽验收内容

（1）钢筋的规格、数量、位置、间距、牌号等是否符合设计与规范的要求；

（2）受力钢筋的连接方式、接头位置、接头质量、接头面积、搭接长度等信息；

（3）预埋管线、线盒的规格、数量、位置及固定措施；

（4）夹心外墙板的保温层位置、厚度、拉结件的规格、数量、位置等信息；

（5）钢筋与套筒保护层厚度；

（6）预埋件、吊钉吊环、插筋、预留孔洞的规格尺寸、数量、位置及定位、固定长度、关键部位固定加强措施等信息；

（7）伸出钢筋的直径、伸出长度、锚固长度和位置偏差；

（8）钢筋的机械锚固是否符合设计规范要求；

（9）灌浆套筒与受力钢筋的连接、位置误差等信息；

（10）箍筋弯钩的弯折角度及平直段长度信息；

（11）设计规范的其他施工要求。

2.4.9 质量控制要点

1. 设计上常见质量问题、隐患及预防处理措施

（1）保护层不够，影响结构耐久性

装配式设计从项目设计开始就同步进行，设计单位对装配式结构建筑的设计负全责；加工制作过程中严格控制尺寸、定位。

（2）各专业预埋件未设计到构件制作图中，影响结构安全

建立以建筑设计师牵头的设计协同体系，PC构件制作图由相关专业人员会审。应用BIM技术提前规避。

（3）PC构件局部钢筋、预埋太密，导致混凝土浇筑困难

建立以建筑设计师牵头的设计协同体系，PC构件制作图由相关专业人员会审。应用BIM技术提前规避。

（4）结构拆分不合理

有经验的拆分人员在结构设计师的指导下拆分，拆分设计时与工厂和施工单位需求交底。

（5）支撑不合理，没有给出构件堆放、安装的支撑要求

临时支撑应作为构件制图设计不可遗漏的一部分。

（6）外挂墙板没有设计活动节点

墙板连接设计时必须充分考虑主体结构变形的适应性。

（7）PC墙板斜支撑与模板用加固预埋点冲突

设计阶段与施工单位需求交底，BIM技术提前规避。

（8）PC墙板运输过程高度超高

设计阶段，提前踏勘运输路线条件，反馈到设计层面进行规避。

（9）防雷接地遗漏

设计阶段各专业协同机制，进行有效的确认和落实。

（10）吊点吊具与出筋位置或者洞口冲突

设计阶段充分沟通，BIM技术提前规避。

（11）开口或者薄弱构件未设置临时加固措施

设计阶段，应按构件全生命周期进行各工况的设计及采取临时加固和辅助措施。

（12）预埋的临时支撑不合理，现场支撑设置困难

加强设计与施工单位需求交底，采用标准化设计统一措施进行管控。

（13）脚手架或其他拉结件、挑架预留洞口未留置或者偏位

充分考虑预埋预留需求，对施工单位相关需求复核确认。

（14）现浇层与PC层过渡层的竖向PC构件预埋钢筋偏位或遗漏

对主体结构设计要求应充分地消化理解，要对重点连接部位进行复核确认，采用标准化设计统一措施进行管控。

（15）夹心保温外墙构造设计错误、构造与受力原理不符合

对夹心保温外墙的受力原理与构造设计进行研究，使得构造设计与受力要求相符，熟悉和了解市场上有成熟应用经验的拉结件的受力特点、适应范围、设计构造要求等；加强对设计人员的学习和交流培训。

（16）夹心保温外墙拉结件选择错误（材料选择错误、适用范围错误），且没有提出试验验证要求

熟悉、了解拉结件的材料性能，所选用材料要与混凝土碱性环境匹配；熟悉、了解市场上有成熟应用经验的拉结件的受力特点、适应范围、设计构造要求等，选用可靠、相对成熟的拉结件；加强对设计人员的学习和交流培训。

（17）未标明构件的安装方向

对相关的设计要点、规范要求等进行有效落实；BIM技术提前干预，制作出标准的施工顺序图。

（18）现场PC墙板竖直堆放架未进行抗倾覆验算，未考虑堆放架防连续倒塌措施要求

对PC构件的堆放运输等不同条件下，可能会带来的安全隐患进行全面分析，提出防范要求和措施；投入安全设施设计和使用计划根除安全隐患。

（19）水平PC构件如：叠合楼板、楼梯、阳台、空调板等设计未给出支撑要求，未给出拆除支撑的条件要求

审核水平构件是否省掉支撑设计，需要把设计意图落实在设计文件中，在设计交底环节进行充分的技术交底，同时依据规范中关于强度拆除要求，严格执行拆除支撑条件和顺序。

（20）外侧叠合梁等局部现浇叠合层未留设后浇区模板固定用预埋件

有效落实相关的设计要点，施工安装单位进行书面沟通确认；BIM技术模拟施工环节，提前发现和解决问题。

（21）预制部品构件吨位遗漏标注或标注吨位有误

设计阶段有效落实相关的设计要点，强化风险控制要点落实要求；施工安装单位对相关风险控制要点进行二次复核确认；对各标准构件精确核算，指导现场吊装机具的布置。

（22）预制叠合梁梁端接缝的受剪承载力不满足《装配式混凝土建筑技术标准》GB/T 51231—2016第5.4.2条的规定，主体结构施工图和预制构件深化图均未采取有效的措施

需要在现浇叠合区附加抗剪水平筋或其他措施来满足接缝受剪承载力要求；对规范的相关规定进行培训学习、积累经验，对设计要点进行严格把控并落实；采用标准化设计统一措施进行管控；建议在现浇叠合层内采用附加纵筋的方式进行处理，需要在结构施工图中给出节点做法。

2. 材料与部件采购环节的问题

（1）套筒、灌浆料选用了不可靠的产品

设计应提出明确使用材料；按设计要求采购；套筒与灌浆料采用匹配的产品；工厂进行试验验证。

（2）夹心保温板拉结件选用了不可靠产品

设计应提出明确要求；按设计要求采购；采购经过试验及项目应用过的产品；工厂进行试验验证。

（3）预埋螺母、螺栓选用了不可靠产品

总包和工厂技术部门选择厂家；采购有经验的专业厂家的产品；工厂做试验检验。

（4）接缝橡胶条弹性不好

设计应提出明确要求；按设计要求采购；样品做弹性压缩量试验。

（5）接缝用的建筑密封胶不适合用于混凝土构件接缝

按设计要求采购；采购经过试验及项目应用过的产品。

（6）防雷引下线选用了防锈蚀没有保障的材料

按设计要求采购；采购经过试验及项目应用过的产品。

3. 构件制作环节的监理要点

（1）混凝土强度不足

混凝土搅拌前由实验室确认混凝土配合比和原材料使用是否正确，确认无误后，方可搅拌混凝土。

（2）混凝土表面出现蜂窝、孔洞、夹渣

浇筑前要模具清理彻底、涂刷脱模剂到位、模具组装要牢固、混凝土分层振捣、振捣时间充足、脱模时强度达到脱模条件。

（3）混凝土表面疏松

振捣时间要充足。

（4）混凝土表面龟裂

要严格控制混凝土的水灰比。

（5）混凝土表面裂缝

在蒸汽养护之前混凝土构件要静养 2h 后再开始蒸汽养护，脱模后要放在厂房内保持温度，构件养护要及时。

（6）混凝土预埋件附近裂缝

固定预埋件的螺栓要在养护结束后拆卸，预埋件位置边角要采取加强、加固措施。

（7）混凝土表面起灰

要严格控制混凝土的水灰比，养护及时。

（8）漏筋

制作时振捣不能漏振，振捣时间要充足，工艺设计中应给出保护层垫块间距。

（9）钢筋保护层厚度不足

制作时要严格按照图样上标注的保护层厚度来安装保护层垫块。

（10）外伸钢筋数量或直径不对

钢筋制作要严格检查。

（11）外伸钢筋位置误差过大

钢筋制作要严格检查。

(12) 外伸钢筋伸出长度不足

钢筋制作要严格检查。

(13) 套筒、浆锚孔、钢筋预留孔、预埋件位置误差

制作工人和质检员要严格检查。

(14) 套筒、浆锚孔、钢筋预留孔不垂直

制作工人和质检员要严格检查。

(15) 缺棱掉角，破损

构件在脱模前要有实验室给出的强度报告，达到脱模强度后方可脱模，脱模过程做好保护措施。

(16) 尺寸误差超过容许误差

组装模具时制作工人和质检人员要严格按照图样尺寸组模。

(17) 夹心保温板拉结件处空隙太大

安装时安装工人和质检人员要严格检查。

(18) 夹心保温板拉结件锚固不牢

安装时安装工人和质检人员要严格检查，选用合格拉结件，严格按照制作工艺要求施工。

4. 堆放和运输环节的检查

(1) 支承点位置不对

支承点没有按照设计要求布置、设计遗漏、传递不平整、支垫高度不统一是支承点位置不对的原因；设计给出堆放的技术要求、工厂和施工单位严格按照设计要求堆码存放。

(2) 构件磕碰损坏

设计考虑吊点平衡、吊运过程要对构件进行保护，吊运过程严格按照起吊操作规程施工，起勾落吊平缓柔顺、慢起慢降。

(3) 构件被污染

成品构件要求覆盖保护，不能用带油污手套触摸构件或者让构件接触到酸腐物质。

2.4.10 PC构件成品检验程序

(1) PC构件制作完成后，须进行构件检验，包括缺陷检验、尺寸偏差检验、套筒位置检验、伸出钢筋检验等。

(2) 全数检验的项目，每个构件应当有一个综合检验单，检验者签字确认，各项检验完成并合格后，填写合格证，并在构件上做出标识。

(3) 有合格标识的构件才可以出厂。

2.5 PC 构件的成品标识、存放及运输管理

2.5.1 PC 构件的成品标识的检查

PC 构件经项目监理机构验收程序后入库和出厂前，构件必须进行产品标识张贴，标明产品的各种具体信息。随着物联网的发展，信息采集系统更趋集成化、科学化、效率化，更多的科技手段也应用于产品的标识。标识现阶段主要介质有纸质、条形码、二维码、芯片等。

检测合格预制构件在“准用证”上必须盖检验合格证，不合格构件贴上“不合格”标签并记录不合格项目。

2.5.2 PC 构件的存放的检查

PC 构件经项目监理机构检查脱模、检验合格后，工厂吊转入库存放，放置方式又分竖向存放、水平存放两种。

1. 竖向预制构件的存放

PC 墙板采用竖向方式存放在存放架内，如图 2-28 所示。

图 2-28 预制构件竖向存放图

要求必须先锁紧固定销，然后再拆除吊具锁扣；认真检查斜铁是否锁紧，防止因斜铁未锁紧，而造成外挂板倾倒损坏和压坏货架造成人、物损伤。下方枕垫竹夹板或方木保证外墙板无悬空，左右平衡，无扭曲；运输架左右两边配重差不超过 500kg，保证两边重量相近，且外墙板总重不超过运输架极限荷载。

2. 水平 PC 构件的存放管理

除墙板外的其他构件一般采用水平存放方式。存放楼板长度不超过单梁长度+500mm；楼板居中放置在单梁托盘上；楼板长度不大于 4m，使用 2 根单梁托盘，楼板两

端悬挑不大于 650mm；楼板长度大于 4m，使用 3 根单梁托盘，两端悬挑不大于 650mm，两端各放一根，然后在两根中间位置放一根，楼板居中，保证枕垫单梁托盘顶面在同一平面，如图 2-29 所示。

图 2-29　预制构件水平存放图

2.5.3　PC 构件的运输管理

因为 PC 构件的特殊性，单个部品、构件可能大于等于 5t，运输过程中路况复杂，运输难度大，所以 PC 构件要有专门的运输方案且必须报监理审查。

为加强运输过程安全管理和成品保护，防止和减少安全事故发生，保障生命和财产安全，在平等、自愿、公平和诚实守信的原则下，就混凝土预制构件运输，可以进行 PC 构件运输招标，签订《运输安全协议》，明确运输过程中的安全注意事项。

2.5.3.1　运输方案拟定原则

1. 安全可靠性

安全可靠是运输方案设计的首要原则，为此我们在配车装载、捆绑加固、运输实施等方案设计中，运用了科学分析和理论计算相结合的方法，确保方案设计科学，数据准确真实，操作万无一失。

2. 经济适用性

为了维护业主的经济利益，在本运输方案的设计过程中，采取最优化的技术方案，采用最适合的运输方式，降低运输总费用，最大限度地减少运输成本，确保本方案的经济适用性。

3. 实际可操作性

在运输方案制作和审定过程中，认真细致地做好前期准备，对各种可能出现的风险进行科学评估，确保装载、公路运输等作业能够顺利展开，以此建立本方案的实际可操作性。

4. 高效迅速性

考虑到运输距离、PC 构件规格及重量等情况，为此我公司将配备此次运输所需的设备、人员，结合公司操作类似项目的成功经验，尽量压缩运输时间，高效完成运输任务。

2.5.3.2 专项运输方案的审核

PC 构件专项运输方案必须由项目监理机构审批后，方可执行，重点审核以下内容：

1. 踏勘和规划运输线路

对运输线路进行规划，派车辆沿线实地勘察验证。对沿线所经过的桥梁、涵洞、隧道、路基等结构物的限高、限重、限宽等要求，进行详细调查记录，确保构件运输车辆无障碍安全通过。

因运输车辆载重吨位一般较大，对施工现场转弯半径、路基要求很高，所以工程项目现场道路必须平整硬化，要设置专门的吊装车辆安全通道，防止运输车辆在“最后一步”倾覆，发生安全事故，造成人员和财产损失。

因施工现场条件复杂，不允许运输车辆直接通过时，比如载重运输车辆必须通过建筑地库顶板时，必须对顶板载荷确认，并拟定专门的地库顶板支护方案，通过专家论证支护到位后，才能让运输车辆通过。

2. 车辆的组织

发货前，应对承运车辆单位实力和车辆、机具进行考察审验，并报交通主管部门批准，必要时可组织模拟运输。

在运输过程中要对预制构件进行规范的保护，最大限度地消除和避免构建在运输途中发生污染和损坏。做好构件成品运输途中防碰撞措施，采用方木支垫、包装围裹进行保护。

3. 运输时间

项目部提前 12h 提出运输需求信息，PC 构件工厂及时安排车辆就位。如遇运输时间变更，应于约定运输时间前 6h 通知。

4. 运输方式的选择

预制构件主要采用公路汽车运输方式。构件的运输一般采用构件专用运输车和改装后的平板车。对常规运输货车进行改装时，通过在车厢设置构件专用固定支架，通过各种防护措施固定牢靠后方可投入使用。

5. 运输安全控制

运输车辆道路运输过程中必须遵守《中华人民共和国道路交通安全法》，按照装载标准要求装车及捆绑，并按要求参加相关构件运输安全培训；构件装车及捆绑完毕，出厂前由物流司机做好出发前检查，如装车重量不平衡或摆放不合理，不得发车，直至改善合理后发车。

依指定运输路线行驶，运输路线路况异常，需改变路线运输，必须在改变路线前报备工厂物流部门、安全管理部门，禁止擅自改变运输路线；在路况正常的高速道路上行驶，车速不得超过 80km/h，禁止超过规定行驶速度行驶（空车返回时例外）；过减速坎时车速控制在 5km/h 时；运输途中，必须在指定隐患路段或地点对捆绑、车辆安全进行检查，禁止随意变更或不检查。

运至目的地后，项目路况较复杂，司机务必确认安全后行驶，车辆停稳后，如地面存在斜坡面，则需对前后轮胎加放安全轮挡，防止车辆意外溜坡，形成安全隐患；施工现场二次起运时，必须确认周边的运输环境，禁止撞坏周边财物或摆放在周边的预制构件，转运前，确保挂车牵引销锁止块完全卡到位，确认构件堆码的合理性，确保安全运输。

车辆到达施工现场后，如需换挂，则需在换挂前，两支撑脚必须用200mm×200mm×400mm的方木进行整垫，防止发生意外；在有坡度的场地装卸货物时，必须采取防止车辆溜坡的有效措施。

工地装卸过程中需要移动车辆时，必须有人监护，在保证安全情况下才能移动车辆，起步要慢，停车要稳。如需更换挂车，更换挂车的当事司机须对更换前后的挂车进行安全检查，确认无异常后方可行车。

6. 制定应急预案

应急预案制定原则坚持科学规划、全面防范、快速反应、统一指挥调度的原则，贯彻“安全第一，预防为主，综合治理”的工作方针，妥善处理好运输安全生产环节的事故及险情，做好道路运输安全生产工作。建立健全事故应急处置机制，一旦发生重大交通事故，能够最大程度地减少人员伤亡和财产损失。坚持以人为本，减少损失，预防为主，常备不懈。

成立构件运输应急救援领导小组，按照“统一指挥，分级负责”的原则，设立组长一人，小组成员若干。

运输方案应包括：运输时间、运输次序、存放场地、运输线路、固定要求、堆放支垫、成品保护措施等内容。

2.5.3.3 专项运输方案案例

下面通过具体PC构件专项运输方案案例，介绍PC构件运输过程及注意事项。

×××项目PC构件专项运输方案

1. 编制依据

（1）×××项目PC构件招标文件、投标文件、采购合同等。

（2）×××项目施工进度计划。

（3）×××项目×××工厂PC构件生产进度计划。

（4）与××地、××交警大队、城管大队、路政部门、园林部门等签订的协议书或备忘录等。

（5）相关法律法规及政策性文件等。

2. 编制目的

（1）保证PC构件顺利安全到达施工现场，按期完成×××项目的PC构件运输任务。

（2）保证PC构件运输与现场吊装的协调进行，确保现场PC构件安装有序、连续施工，减少施工现场的PC构件二次转运，同时做到施工现场PC构件存量略有富余。

（3）做好在运输过程中的PC构件的成品保护工作，保证构件无结构性损伤。

3. PC构件参数及运输配车

（1）货物名称：PC预制构件。

(2) 货物参数（具体明细，见装车顺序表）。

4. 运输路线

运输线路：由××工厂—××大道—××高速—××出口下高速—××路—×××公租房项目，全程××公里。

5. 装车运输途中的安全保障措施

装车前须对车辆状况进行检查。PC构件装架和（或）装车均应以架、车的纵心为重心，保证两侧重量平衡的原则摆放。

墙板运输，均须在装车完成后用直径不小于8.7mm天然纤维芯钢丝绳或3.5t手动葫芦将PC构件、运输架与车架载重平板绑紧。楼板、梁、楼梯等构件用直径不小于8.7mm天然纤维芯钢丝绳或50mm宽棘轮捆绑器将PC构件、运输架与车架载重平板绑紧。墙板运输架装运须增设防止运输架前、后、左、右四个方向移位的限位块。

运输途中驾驶人员必须严格遵守交通法规，服从交警指挥，根据道路交通状况控制车速，禁止超速和强行超车、会车，车辆安全礼让，确保车辆安全。通过隧道、涵洞、立交桥时，要注意标高、限速。

6. 监督

发车前驾驶员须对装车情况进行自检确认。工厂发货员对所有车辆的装车及固定安全进行确认（出货检验员进行每日抽检，抽查发现未按要求执行的按《质量奖罚办法》处罚）。务必确保运输安全，坚决杜绝任何运输安全事故隐患，坚决杜绝任何运输不安全行为，如：

(1) 未对构件捆绑，禁止转运、运输；

(2) 禁止踩急刹；

(3) 禁止闯红灯；

(4) 禁止抢绿灯最后几秒通行；

(5) 禁止酒驾或疲劳驾驶等。

7. 运输车辆卸车就位条件及步骤

(1) 构件到达项目现场后，项目需指定构件存放区域，货车司机需依项目要求，将车辆停放在指定区域，如图2-30所示。

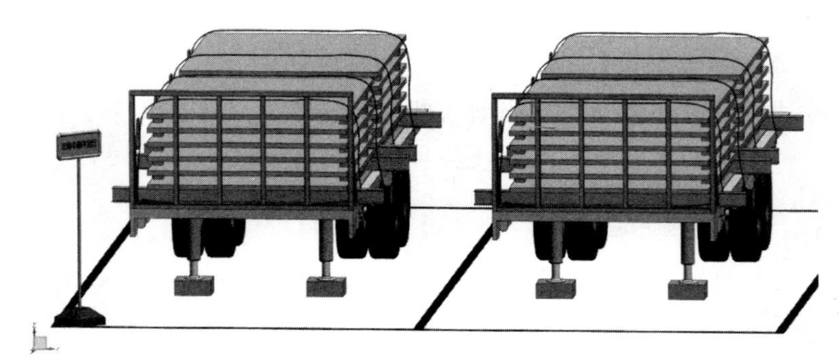

图2-30 挂车停放示意

(2) 车头离开挂车前，挂车的两前脚需用枕木（规格：160mm×220mm×600mm（厚）进行垫放，且保持受水平受力。

2.5.3.4 运输控制要点

(1) 施工方需向监理部提交PC构件专项运输方案；

(2) 运输方案成品保护措施到位，规范装车、捆绑、控制车速等；

(3) 运输线路有变化需重新勘察路线和制定；

图2-31 PC预制构件运输存放示意

(4) 项目现场要求地面平整硬化，有专用的吊装通道，PC构件吊装通道道路要求强度达到过载要求。

一般采用9.6m平板车为运输架运输车辆，具体根据各区域情况而定；装车前，检查运输架是否有无损伤，如有损伤立即返修或者更换运输架；在平板车上加焊运输架限位件，防止运输架在运输过程中移动或倒塌；严格按照运输安全规范和手册操作，保障运输安全。如图2-31所示。

2.6 PC构件的出厂验收的检查

PC构件虽然生产制作阶段进行了跟踪检查检验，但在场内吊转、存放、装卸环节，可能造成预制构件的损坏、混凝土表面的缺陷，因此PC构件在出厂时监理人员仍需进行出厂检查。

2.6.1 出厂程序的审核

(1) 出厂前预制构件的外观检查；

(2) 查验随车构件标识标牌、资料、证明文件等是否齐全；

(3) 装车后检查运输保护措施是否到位；

(4) 发车出厂；

(5) 与项目施工现场交接，并取回PC构件运输交接单据回收联存档备查。

2.6.2 出厂质量检查

（1）构件质量出厂检验包括构件的观感质量、外形尺寸、预埋件、生产允许偏差和构件结构性能。

（2）构件应在明显部位标识构件编号、生产日期和质量验收标志。

检查数量：全数检查。

检查方法：构件编号、生产日期和质量验收标志准确。

（3）构件的预留钢筋、连接件、预埋件和预留孔洞的规格、数量应符合设计要求，允许偏差应满足规范规定。

检查数量：全数检查。

检查方法：对照构件制作图和变更图进行观察、测量。

（4）预制墙板外形尺寸偏差及检验方法应符合相关规定。

检查数量：同一工作班生产的同类型构件，经全数自检、互检合格后，专检抽检不应少于30%，且不少于5件。

检查方法：激光尺、靠尺、调平尺、保护层厚度测定仪，按预制构件尺寸检查允许偏差表进行对应检查。

（5）构件外装饰外观的质量检查

构件外装饰外观应符合《建筑装饰装修工程质量验收标准》GB 50210—2018的规定。

检查数量：全数检查。

检查方法：观察、钢尺检查。

在出厂检验环节，监理工作的重点应该放在涉及工程质量、施工安全的关键部位，如梁、柱、吊点、斜支撑套筒、外挂架预留套筒等关键部位的审查。

（6）当构件质量检验符合本规范时，构件质量评定为准用产品。

（7）构件质量经检验不符合《混凝土结构工程施工质量验收规范》GB 50204—2015要求，但不影响结构性能、安装和使用时，允许进行修补处理。修补后应重新进行检验，符合规范要求后方可使用，修补方案和检验结果应记录存档。

（8）结构性能检验不合格的构件不得使用。

（9）当材料管理、生产管理、工厂监造、备案管理等方面有可查实的质量控制文件和质量证明文件，构件结构性能的承载力、挠度、抗裂度、裂缝宽度检验可给予免检。

预制墙板观感质量不宜有一般缺陷，按照表2-14构件观感质量判断方法表检查，对于已经出现的一般缺陷，应按技术处理方案进行处理，并重新检查验收。

检查数量：全数检查。

检查方法：观察，检查技术处理方案。

第 3 章　施工阶段监理质量控制要点

监理部主要从事前、事中、事后对施工全过程监督管理，装配式施工阶段以吊装施工为主线，穿插钢筋工程水电预埋、模板工程、混凝土工程、防护工程等。本章节主要讲述各分项工程监理监管控制要点。

3.1　监理依据

（1）关于装配式建筑混凝土的国家标准《装配式混凝土建筑技术标准》GB/T 51231—2016。

（2）关于装配式混凝土建筑的行业标准《装配式混凝土结构技术规程》JGJ 1—2014。

（3）《建筑施工承插型盘扣式钢管支架安全技术规程》JGJ 231—2010

（4）关于钢筋套筒灌浆连接的行业标准《钢筋套筒灌浆连接应用技术规程》JGJ 355—2015。

（5）关于钢筋套筒的行业标准《钢筋连接用灌浆套筒》JG/T 398—2012。

（6）关于套筒灌浆料的行业标准《钢筋连接用套筒灌浆料》JG/T 408—2013。

（7）关于套筒材料的国家标准《水泥基灌浆材料应用技术规范》GB/T 50448—2015。

（8）关于装配式钢结构国家标准《装配式钢结构建筑技术标准》GB/T 51232—2016。

（9）关于装配式木结构建筑的国家标准《装配式木结构建筑技术标准》GB/T 51233—2016。

（10）关于钢筋机械连接的行业标准《钢筋机械连接技术规程》JGJ 107—2016。

（11）关于预应力钢筋的国家标准《预应力混凝土用钢绞线》GB/T 5224—2014。

（12）《混凝土结构工程施工质量验收规》GB 50204—2015。

（13）《装配式混凝土结构构件制作、施工与验收规程》DB21/T 2568—2016。

（14）《混凝土结构用钢筋间隔件应用技术规程》JCJ/T 219—2010。

（15）《高层建筑混凝土结构技术规程》JGJ 3—2010。

（16）《高层混凝土应用技术规程》JGJ/T 281—2012。

（17）《装配整体式混凝土剪力墙结构技术规程》DB42/T 1044—2015。

（18）《装配整整体式建筑设备与电气技术规程（暂行）》DB21/T 1925—2011。

（19）《装配整件式混凝土结构工程施工质量验收规范》DB33/T 1123—2016。

（20）《装配式混凝土结构连接节点构造（剪力墙结构）》15G310—1。

(21)《装配式混凝土结构连接节点构造（楼盖结构和楼梯)》15G310—2。

(22)《预制混凝土剪力墙外墙板》15G365—1。

(23)《桁架钢筋混凝土叠合板（60mm 厚板)》15G366—1。

(24)《预制钢筋混凝土阳台板、空调板及女儿墙》15G368—1。

(25)《预制钢筋混凝土板式楼梯》15G367—1。

(26)《装配式混凝土结构住宅建筑设计示例（剪力墙结构)》15J939—1。

(27)《建筑节能工程施工质量验收规范》GB 50411—2007。

(28)《混凝土接缝用密封胶》JC/T 881—2001。

(29)《建筑装饰装修工程质量验收标准》GB 50210—2018。

3.2 施工实施条件审查

3.2.1 施工方案审查

(1) 项目监理部应对施工方施工方案进行审查，需要进行审查的方案主要有：施工组织设计、吊装方案、支撑方案、模板施工方案、混凝土施工方案、构件拼缝处理方案、外挂架施工方案、施工用水用电方案、外墙拼缝防水施工方案、塔式起重机安拆施工方案、塔式起重机设备基础及附墙方案、人货电梯施工方案、危险性较大的分部分项工程施工方案以及 PC 构件运输车上地库顶板加固方案等。

(2) 对施工方案的可行性，方案与施工现场实际情况是否相符，方案内有无质量、安全保证措施等进行审查。

(3) 审核施工单位在装配式施工中采用新技术、新工艺、新材料、新设备，应按有关规定进行评审、备案。施工前对新的或首次采用的施工工艺进行评价，并制定专门的施工方案。

(4) 审核施工方案审批程序是否正确，需要各方主体签字确认和公司层面签字确认的是否已签字审核到位。

(5) 审核方案编制依据、引用的规范标准是否正确，是否是国家最新使用的规范标准等。

3.2.2 施工平面布置图审查

项目监理部应对现场平面布置重点审查。

(1) 审查平面布置图，现场道路和存放场地是否满足运输存放要求，是否设置排水措施。

(2) 审查施工场内道路设置的转弯半径和道路坡度是否满足 PC 构件运输车行驶要求。

(3) 堆放场地是否设置在起重吊装设备覆盖范围内，覆盖范围内的构件的重量是否在设备起重量范围内。

（4）塔式起重机布置位置与现场施工是否相符合，群塔布置有无防碰撞安全距离，塔式起重机离建筑物的距离是否满足施工安拆要求等。

（5）现场临水、临电布置是否满足规范要求。

（6）施工大门宽度、高度能否满足运输车顺畅进出施工场地，场内是否设置洗车槽。

（7）施工现场物料堆放场、模板堆放区、钢筋加工棚、施工人员安全通道是否设置合理便于施工，需要使用起重设备的堆场是否在塔式起重机覆盖范围内。

3.2.3 主要物资供应采购计划审查

（1）现场PC构件需求计划是否与工厂确定，PC构件工厂供应能力是否满足现场PC构件日消耗量。

（2）PC构件供应顺序是否与现场吊装顺序相符。

（3）现场物流组织、人员配备能否满足施工组织要求。

（4）主要辅助材料（斜支撑、连接件、自攻螺栓、泡沫胶条等）采购计划和供应计划是否合理，有无质量保证措施等。

（5）主要施工材料混凝土、钢筋、水电管线、PC构件等厂家是否具备供货能力，材料质量有无可靠的保证措施等。

3.3 施工进度控制审查

（1）项目监理机构应根据建设单位和施工单位签订的工程施工合同，确定工程项目的总工期，审核施工方里程碑进度计划是否满足进度控制目标。

（2）项目监理机构应审查施工单位报审的总进度计划和阶段性施工进度计划，并提出审查意见，由总监理工程师审核后报建设单位。

（3）审查施工进度计划中主要工程项目有无遗漏，阶段性施工进度计划是否满足总进度控制目标的要求。

（4）审核施工单位施工过程组织计划。如以×××项目标准层施工进度计划举例说明。施工进度流程图，横向表示施工主要分项工程和重要工作，竖向以时间节点表示一天的上午和下午，工期表示一个标准层施工的周期。装配式建筑施工以预制构件安装为关键工作，其余工作穿插进行，细化每个工作时段的工作内容（图3-1）。

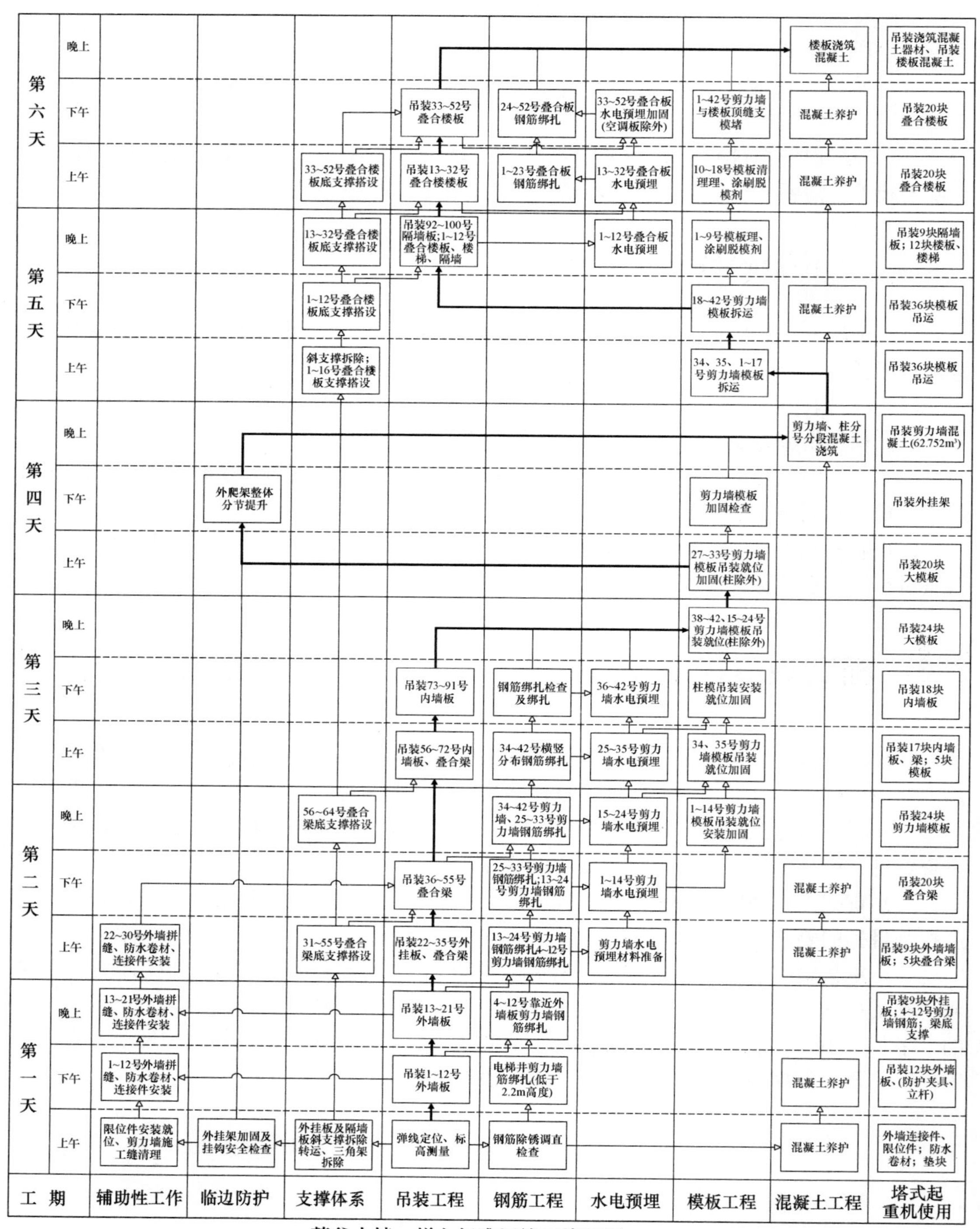

图 3-1　标准层吊装工况图

3.4 施工过程监理工作要点

3.4.1 PC构件进场质量验收

1. PC构件进场资料审查

(1) PC构件进场时项目监理部专业监理工程师应检查PC构件编号、生产日期、出厂日期、合格证、混凝土检验报告、钢筋检验报告、水电预埋管线检测报告、保温板性能检测报告、钢筋接头检测报告、构件型式检验报告等资料，以及合同要求的其他质量证明文件。

(2) 预制构件出厂合格证范本见表3-1。

预制构件出厂合格证（范本） **表3-1**

<table>
<tr><td colspan="5">预制混凝土构件出厂合格证</td><td colspan="2">资料编号</td><td colspan="2"></td></tr>
<tr><td colspan="2">工程名称及使用部位</td><td colspan="3"></td><td colspan="2">合格证编号</td><td colspan="2"></td></tr>
<tr><td colspan="2">构件名称</td><td colspan="2"></td><td>型号规格</td><td colspan="2"></td><td colspan="2">供应数量</td></tr>
<tr><td colspan="2">制造厂家</td><td colspan="3"></td><td colspan="2">企业等级证</td><td colspan="2"></td></tr>
<tr><td colspan="2">标准图号或设计图样号</td><td colspan="3"></td><td colspan="2">混凝土设计强度等级</td><td colspan="2"></td></tr>
<tr><td colspan="2">混凝土浇筑日期</td><td colspan="3">至</td><td colspan="2">构件出厂日期</td><td colspan="2"></td></tr>
<tr><td rowspan="12">性能检验
评定结果</td><td colspan="4">混凝土抗压强度</td><td colspan="4">主筋</td></tr>
<tr><td colspan="2">试验编号</td><td colspan="2">达到设计强度（%）</td><td>试验编号</td><td colspan="2">力学性能</td><td>工艺性能</td></tr>
<tr><td colspan="2"></td><td colspan="2"></td><td></td><td colspan="2"></td><td></td></tr>
<tr><td colspan="4">外观</td><td colspan="4">面层装饰材料</td></tr>
<tr><td colspan="2">质量状况</td><td colspan="2">规格尺寸</td><td colspan="2">试验编号</td><td colspan="2">试验结论</td></tr>
<tr><td colspan="2"></td><td colspan="2"></td><td colspan="2"></td><td colspan="2"></td></tr>
<tr><td colspan="4">保温材料</td><td colspan="4">保温连接件</td></tr>
<tr><td colspan="2">试验编号</td><td colspan="2">试验结论</td><td colspan="2">试验编号</td><td colspan="2">试验结论</td></tr>
<tr><td colspan="2"></td><td colspan="2"></td><td colspan="2"></td><td colspan="2"></td></tr>
<tr><td colspan="4">钢筋连接套筒</td><td colspan="4">结构性能</td></tr>
<tr><td colspan="2">试验编号</td><td colspan="2">试验结论</td><td colspan="2">试验编号</td><td colspan="2">试验结论</td></tr>
<tr><td colspan="2"></td><td colspan="2"></td><td colspan="2"></td><td colspan="2"></td></tr>
<tr><td colspan="7">备注</td><td colspan="2">结论：</td></tr>
<tr><td colspan="3">供应单位技术负责人</td><td colspan="4">填表人</td><td colspan="2" rowspan="3">供应单位名称
（盖章）</td></tr>
<tr><td colspan="3"></td><td colspan="4"></td></tr>
<tr><td colspan="7">填表日期：</td></tr>
</table>

2. PC构件进场质量检查

监理工程师应对进入施工现场的PC构件进行检查

（1）现场应检查的 PC 构件主要有：外挂板、外墙板、内隔墙板、叠合梁、预制柱、叠合楼板、预制楼梯、阳台板、预制卫生间沉箱等构件。

（2）构件规格尺寸检查：高度、宽度、厚度，对角线尺寸等偏差是否在允许范围内。

（3）构件表观质量检查：平整度、有无开裂、蜂窝、周围缺陷、破损、夹渣、疏松、有无凹凸等质量缺陷。

（4）检查预制构件上的套筒、预留孔的位置、数量和深度，当套筒预留孔有杂物时应清理干净。

（5）检查构件连接钢筋的规格、数量、位置和长度。当连接钢筋偏位时，应进行校直，连接钢筋偏离套筒孔中心线不允许超过规范要求，连接钢筋中心位置存在严重偏差影响预制构件安装时，应与设计单位指定专项处理方案，严禁随意切割，强行调整定位钢筋。

（6）检查构件预留预埋：预埋件、吊环等是否偏位是否符合设计要求；开关底盒、厨卫预留孔、线槽插座预留孔、弱电系统接线盒等尺寸深度是否符合设计图纸要求，安装标高是否一致。

（7）检查构件外露锚固钢筋的规格、数量、位置、间距等是否符合设计要求，钢筋伸出的长度、箍筋的弯钩弯折的角度及平直段的长度等是否符合设计图纸和规范要求。

（8）检查水、暖类管道的预留洞及预埋套管、地漏、排水栅、预埋门窗木头、扶手栏杆预埋件、空调孔、线管进入户的预埋是否与设计图纸相符。

（9）构件外观尺寸应根据表 2-15 进行检查。

（10）门窗框安装允许偏差和检验，根据表 3-2 进行检查。

门窗框安装允许偏差和检验方法表 **表 3-2**

项目		允许偏差（mm）	检验方法
锚固脚片	中心线位置	5	钢尺检查
	外露长度	+5，0	钢尺检查
门窗框位置		2	钢尺检查
门窗框高、宽		±2	钢尺检查
门窗框对角线		±2	钢尺检查
门窗框的平整度		2	靠尺检查

3. 叠合梁、叠合楼板检查

（1）规格尺寸检查：长度、宽度、厚度、对角线误差偏差是否在规范允许范围内。

（2）外形检查：表面平整度、楼面侧向弯曲、扭翘是否满足规范要求。

（3）预留孔与预留洞检查：中心线位置偏差、洞口尺寸及深度、预埋线盒位置是否与设计图纸相符。

（4）预留钢筋检查：预留钢筋锚固长度间距位置、钢筋外露长度是否满足规范要求。

（5）吊环吊钉检查：中心线位置、数量、预埋吊环和吊钉周边混凝土是否密实有无开裂情况。

（6）检查楼板面桁架筋外露高度、预留钢筋中心线位置是否偏移。

（7）预制楼板构件外形尺寸允许偏差及验收方法见表 3-3。

预制楼板类构件外形尺寸允许偏差及检验方法 **表 3-3**

项次	检查项目			允许偏差（mm）	检验方法
1	规格尺寸	长度	<12m	±5	用尺量两端及中间部，取其中偏差绝对值较大值
			≥12m 且<18m	±10	
			≥18m	±20	
2		宽度		±5	用尺量两端及中间部，取其中偏差绝对值较大值
3		厚度		±5	尺量板四角和四边中部位置共 8 处，取其中偏差绝对值较大值
4	对角线差			6	在构件表面，用尺量测两对角线的长度，取其绝对值的差值
5	外形	表面平整度	内表面	4	用 2m 靠尺安放在构件表面上，用楔形塞尺量测靠尺与表面之间的最大缝隙外表面
			外表面	3	
6		楼板侧向弯曲		$L/750$ 且≤20	拉线，钢尺量最大弯曲处
7		扭翘		$L/750$	四对角拉两条线，量测两线交点之间的距离，其值的 2 倍为扭翘值
8		预埋线盒、电盒	在构件平面的水平方向中心位置偏差	10	用尺量
			与构件表面混凝土高差	0，−5	用尺量
9	预留孔	中心线位置偏移		5	用尺量测纵横两个方向的中心线位置，取其中较大值
		孔尺寸		±5	用尺量测纵横两个方向尺寸，取其最大值
10	预留洞	中心线位置偏移		5	用尺量测纵横两个方向的中心线位置，取其中较大值
		洞口尺寸、深度		±5	用尺量测纵横两个方向尺寸，取其最大值
11	预留插筋	中心线位置偏移		3	用尺量测纵横两个方向尺寸，取其最大值
		外露长度		±5	用尺量
12	吊环、木砖	中心线位置偏移		10	用尺量测纵横两个方向尺寸，取其最大值
		留出高度		0，−10	用尺量
13	桁架钢筋高度			−5，0	用尺量

4. 对进场预制构件的结构性能检验应采取的措施

（1）可以派驻厂监理监督构件的全过程制作，相应的检查监督按照前文中 PC 构件生产质量和验收监理工作要点实施。

（2）当无驻厂监督时，预制构件进场应对主要构件进行性能检验：

a. 检验数量：同一类型预制构件不超过 1000 个为一批，每批随机抽取 1 个件进行结构性能检验。

b. 检验取样："同类型"是指同一钢种、同一混凝土强度等级、同一生产工艺和同一结构形式，抽取预制构件时，宜从设计荷载最大、受力最不利或生产数量最多的预制构件中抽取。

c. 核查结构性能检验报告或实体检验报告能否满足设计和规范要求。

5. 预制构件抽验检验表（表 3-4）

承重预制构件进场抽检表 **表 3-4**

工程名称		建设单位	
施工单位		监理单位	
抽查（抽测）时间		形象进度	
抽查（抽测）具体部位 （材料已使用及拟使用部位）	写明抽查到的检验批的竖向承重预制构件已使用及拟使用部位		
抽查内容	（1）质量证明文件； （2）强度复验； （3）钢筋保护层厚度复验		
抽查（抽测）方式	（1）核查合格证、出厂检验报告等质量证明文件； （2）核查强度复验报告； （3）核查钢筋保护层厚度复验报告		
抽查（抽测）记录	1 质量证明文件 1.1 质量证明文件符合要求 1.2 质量证明文件不符合要求 1.2.1 无产品合格证 1.2.2 无出厂检验报告 1.2.3 其他情况 2 强度复验 2.1 强度复验符合要求 2.2 强度复验不符合要求 2.2.1 未进行强度复验 2.2.2 强度复验数量不符合要求 2.2.3 其他情况 3 钢筋保护层厚度复验 3.1 钢筋保护层厚度复验符合要求 3.2 钢筋保护层厚度复验不符合要求 3.2.1 未进行强度复验 3.2.2 复验数量不符合要求 3.2.3 其他情况		
监理单位 专业监理工程师		总包单位 项目技术负责人	

6. PC 构件外观缺陷检查

（1）PC 构件外观缺陷检查时主控项目，须全数检查，通过观察，尺量的方式检查。

（2）PC 构件不能有严重缺陷，不能影响结构性能和安装使用功能的尺寸偏差。

(3) 严重缺陷包括纵向受力钢筋有露筋；构件主要受力部位有蜂窝、孔洞、夹渣、疏松、影响结构功能或使用功能的裂缝，连接部位有影响使用功能或装饰效果的外形缺陷，具有重要装饰效果的清水混凝土构件表面有外观缺陷等。

(4) PC 构件存在上述严重缺陷，或存在影响结构功能和安装，使用功能的尺寸偏差，不能安装须由 PC 构件工厂进行处理。

(5) 技术处理方案经监理单位同意方可进行处理。

(6) 对裂缝或连接部位的严重缺陷及其他影响结构安全的严重缺陷进行处理。

(7) 处理技术方案经设计单位认可，处理后的构件应重新检验。

(8) 构件外观质量缺陷根据表 2-14 进行检查。

3.4.2 分项工程施工监理工作要点

叠合楼盖现浇剪力墙结构体系装配式工法施工流程如图 3-2 所示。

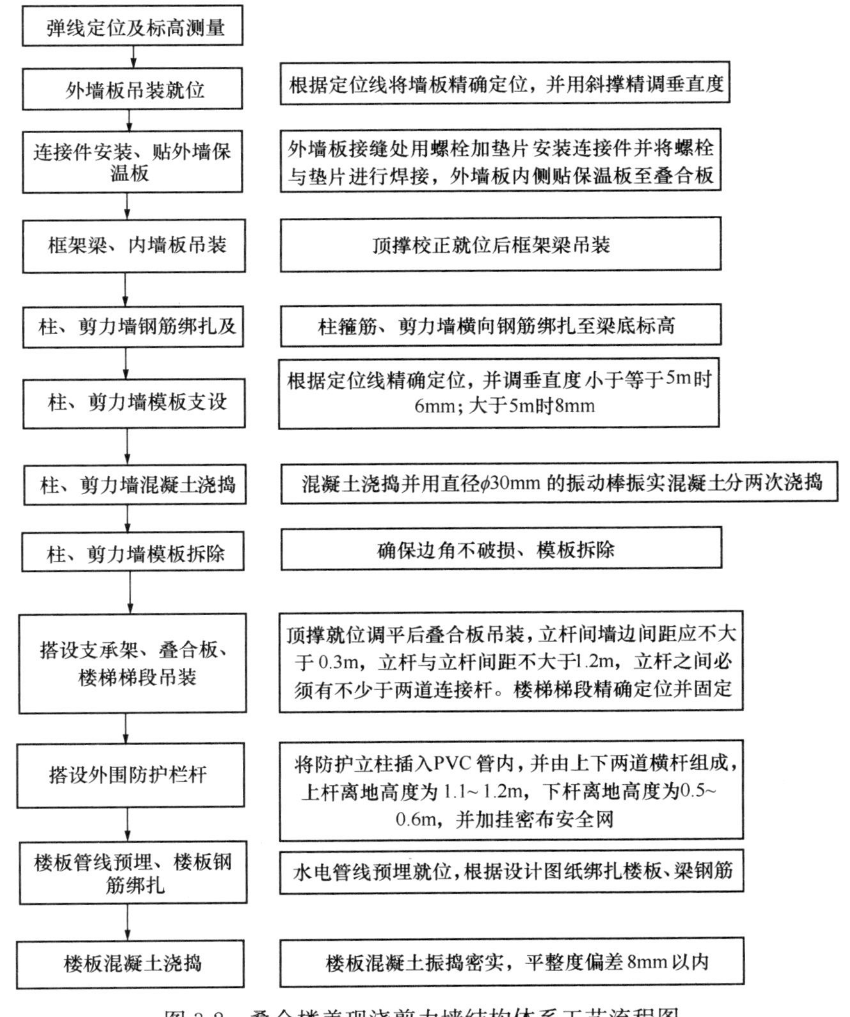

图 3-2 叠合楼盖现浇剪力墙结构体系工艺流程图

3.4.2.1 吊装施工监理工作

1. 吊装施工方案审核

（1）构件吊装前，施工单位应将审批好的方案报送项目监理部审核，项目监理部应对吊装施工方案进行审核，提出指导性意见，经总监理工程师签字确认后实施。

（2）吊装方案审核内容

1）施工管理人员与技术人员配置是否满足施工要求。

2）复核起重机械设备选型是否满足构件吊装需求。

3）吊装使用的吊具是否满足作业要求。

4）灌浆设备是否满足施工要求。

5）现场辅材、工具准备是否满足正常施工要求。

6）PC 构件进场道路与场地布置是否合理，能否满足 PC 构件运输车进出场和转弯的要求。

7）PC 构件堆放区是否满足材料堆放要求，构件堆放区是否在塔式起重机起重臂和起重量覆盖范围内。

8）PC 构件进场供应运输顺序与现场吊装顺序是否相符。

9）PC 构件安装工艺流程与项目实际施工情况是否相符。

10）PC 构件吊装施工方案内有无质量安全控制防护措施。

11）吊装施工顺序编制是否符合工艺设计节点安装要求。

12）吊装方案中的质量控制措施和安全保障措施是否到位。

2. 吊装准备工作审查

项目专业监理工程师，在构件吊装前对吊装准备工作进行审查，并形成书面记录。

（1）检查、试用塔式起重机，确认是否能正常运行；对超大超重构件吊装前先要进行试吊检查，检查吊装设备吊具是否变形、破损，避免安全事故发生。

（2）检查吊装设备：钢丝绳、缆风绳、吊装保护绳、吊爪、卸扣、吊钩、对讲机等是否配备到位，型号是否满足施工要求，有无锈蚀裂纹、断裂痕迹、吊装起吊设备的安全装置是否灵敏可靠，每次吊装前都要进行一次例行检查。

（3）检查是否准备牵引绳索等辅助工具、材料。

（4）检查是否准备好灌浆设备、调试工具、灌浆泵、灌浆料。

（5）检查灌浆套管是否堵塞，当套筒、预留孔内有杂物时，应及时清理干净气体通管。

（6）对于竖向安装构件，检查板底标高、垫块厚度、斜支撑及斜支撑各部件是否合格。

（7）对于叠合楼板、叠合梁、阳台板，空调板等的支撑架标高是否搭设合理、架体稳定性是否牢固。

（8）检查预制构件起吊时吊点合力与构件重心是否在一条垂直线上，对大型构件采用可调式横吊梁均衡起吊就位。

（9）检查外挂架操作平台，连接件是否有合格证，物理性能检验报告，连接性能检验报告，垫块、螺栓螺母的产品合格证及检验报告，有无损坏、变形和锈蚀。

（10）检查斜支撑、支撑预埋件的产品合格证及检测报告，外观有无变形和锈蚀情况。

（11）吊装时必须有统一的信号、统一的指挥，不可中途长时间悬吊停滞。

（12）PC构件的吊装质量关系到最后建筑物施工完成的质量，不同种类的PC构件安装有先后顺序，在构件安装过程中要严格按照施工图纸编制顺序施工。

（13）标准层内、隔墙安装容易反向，导致墙板上的预埋孔、插座线管反向错位，造成现场施工混乱，影响施工进度。

（14）督促总承包单位，装配式混凝土建筑施工前，应选择有代表性的单元进行预制构件试安装，审查施工工艺、完善施工方案。

（15）吊装工程节点控制表（表3-5）。

吊装节点控制表 **表3-5**

开始时间： 完成时间：

<table>
<tr><td>项目情况</td><td colspan="3">栋号：
栋层：</td><td colspan="3">气候温度情况：</td><td colspan="3">验收情况</td></tr>
<tr><td>安装验收</td><td>班组自检签字</td><td></td><td>栋号质检人员验收</td><td></td><td>栋号负责人验收</td><td></td><td>时间</td><td colspan="2">月 日 时 分</td></tr>
<tr><td rowspan="9">隔墙板吊装</td><td colspan="3">构件运输、进场、码放检查</td><td colspan="3">墙板应立运和码放；应在明显部位标明构件编号、生产日期和质量验收标志</td><td></td><td></td><td></td></tr>
<tr><td colspan="3">吊装前检查、复核</td><td colspan="3">复核构件需要的型号、数量是否满足需求</td><td></td><td></td><td></td></tr>
<tr><td colspan="3">吊具安装</td><td colspan="3">根据构件形式选择钢梁，吊具，利用墙板孔洞加保护用钢索，严格按吊装顺序进行</td><td></td><td></td><td></td></tr>
<tr><td colspan="3">起吊</td><td colspan="3">吊至离车（地面）20～30cm，复核墙板水平，并调整调节葫芦，便于墙就位（为确保安全在有洞口处加一道保护用钢索）</td><td></td><td></td><td></td></tr>
<tr><td colspan="3">吊运</td><td colspan="3">快速、安全的吊运至就位点上方（吊运过程中，构件下严禁站人）</td><td></td><td></td><td></td></tr>
<tr><td colspan="3">就位</td><td colspan="3">缓慢下落至定位线位置，在构件距地面20～30cm时，操作人员再靠近扶板就位（注意其安装方向）</td><td></td><td></td><td></td></tr>
<tr><td colspan="3">临时固定</td><td colspan="3">安装、调节支撑斜杆，保证所有杆受力；不得影响叠合梁吊装；保证墙板垂直度3mm以内</td><td></td><td></td><td></td></tr>
<tr><td colspan="3">墙板连接件安装</td><td colspan="3">符合设计要求、规范、标准要求；连接可靠</td><td></td><td></td><td></td></tr>
<tr><td colspan="3">墙板拼缝处理</td><td colspan="3">墙板拼缝处用发泡剂堵塞严实</td><td></td><td></td><td></td></tr>
</table>

续表

<table>
<tr><td>安装验收</td><td>班组自检签字</td><td></td><td>栋号质检人员验收</td><td></td><td>监理签认</td><td></td><td>时间</td><td>月　日　时　分</td></tr>
<tr><td rowspan="7">PC楼板、阳台板准备及吊装（构件吊装顺序见图表）</td><td colspan="3">构件运输、进场、码放检查</td><td colspan="3">楼板应立运和码放；应在明显部位标明构件编号、生产日期和质量验收标志</td><td></td><td></td></tr>
<tr><td colspan="3">吊装前检查、复核</td><td colspan="3">复核构件需要的型号、数量是否满足需求</td><td></td><td></td></tr>
<tr><td colspan="3">楼板底部支撑系统的搭设</td><td colspan="3">板底采用调节支撑或碗扣式/钢管扣件式脚手架；立杆距墙边不大于0.3m，间距不得大于1.2m，标高差不得大于3mm，悬挑板外端比内端支撑尽量调高2mm；立杆之间必须有不少于两道连接杆；顶托上立放50mm×80mm方木，方木垂直叠合板拼缝方向铺设；方木上表面应平整</td><td></td><td></td></tr>
<tr><td colspan="3">吊具安装</td><td colspan="3">根据构件形式选择钢梁、吊钩，严格按吊装顺序安装到位，并注意安装方向；大跨度板吊点不少于8个</td><td></td><td></td></tr>
<tr><td colspan="3">起吊</td><td colspan="3">吊至离车（地面）20～30cm，复核板面水平便于板就位</td><td></td><td></td></tr>
<tr><td colspan="3">就位</td><td colspan="3">对位后缓慢下落，严格控制叠合板的支承长度，两侧支承长度需一致</td><td></td><td></td></tr>
<tr><td colspan="3">调节支撑</td><td colspan="3">板就位后检查并调节支撑立杆，确保所有立杆全部受力</td><td></td><td></td></tr>
<tr><td>安装验收</td><td>施工班组自检</td><td></td><td>栋号质检人员验收</td><td></td><td>监理验收</td><td></td><td>时间</td><td>年　月　日</td></tr>
</table>

注：1. 施工班组完成每一个单项工作后，必须及时填写此节点表，一层填写一份；此单作为施工单位进度款支付及项目管理人员绩效考核的依据。

2. 报检规定（每个“类别”完成后）：施工班组自检—栋号质检人员验收—栋号负责人验收—报监理部专业监理工程师验收合格后才能从事下一道工序装配。

3. 构件吊装测量放线复核检查

项目监理工程师应在楼板面测量放线时进行旁站监督，并同时对放样的细部尺寸、构件安装标高进行测量复核。

（1）墙板放线定位

1）构件安装控制线复合检测：施工单位在测量放线后监理工程师应现场复合构件安装定位线，确保PC构件安装后满足设计要图纸要求，定位线应包括（外挂板内边控制线，墙板端线、拼缝控制线、隔墙板控制线），确保构件安装后室内装修橱柜、整体浴室、门洞等尺寸满足装修要求。

2）弹线定位及标高测量材料及主要机具表（表3-6、表3-7）

测量仪器用表　　表 3-6

序号	工具	数量	备注
1	铅垂仪	1 台	
2	经纬仪	1 台	
3	水准仪	1 台	

测量用具表　　表 3-7

序号	工具	数量	备注
1	50m 钢卷尺	1 把	
2	5m 钢卷尺	1 把	
3	木工铅笔	2 支	
4	墨斗	1 个	
5	3m 塔尺	1 根	
6	硬塑垫片	若干	1mm×70mm×70mm； 2mm×70mm×70mm； 3mm×70mm×70mm； 5mm×70mm×70mm

3）复核检查楼层主控线、轴线是否正确偏差在允许范围内，弹出承重墙两侧定位边线及左右定位线（图 3-3）。

图 3-3　构件放线定位图

4）督促施工方必须有专人对轴线及 PC 件控制边线进行复核，控制线偏差不大于 4mm，并注意墨线不得太粗。

（2）标高定位

1）检查首层外挂板板底标高控制是否精准抽查垫块设置标高是否统一，标高差在 3mm 以内。

2）楼面平整度垫块标高检测：构件安装前监理工程师应抽检复核楼面平整度、垫块设置标高是否合理，能否满足设计控制标高要求。

3）根据标高控制线复合叠合梁底标高控制线是否准确，量测剪力墙或柱尺寸、梁端定位边线（图 3-4）。

图 3-4　梁安装标高线复核图

4）根据设计图纸检查叠合梁底标高与窗洞口上标高是否一致，如有偏差必须调查产生偏差的原因。

5）标准层标高控制除检查墙板垫块标高外，还需结合窗洞口标高进行核查确定。

4. 外挂板吊装施工检查

在外挂板吊装时，项目监理机构应安排专业监理工程师和监理员对外挂板吊装施工进行旁站监理。

（1）现场监理人员必须对吊装构件安装进行旁站监理。

（2）监理人员应监督挂板吊装，按构件运输码放检查—吊装前复核—挂钩起吊—吊运—就位—临时固定—检查构件水平—线锥检查垂直度—取钩—墙板连接接缝处理流程实施。

（3）吊装取板，墙板应立放在存放架内，吊装前观察构件存放位置，吊装时方便检查和吊装取板。

（4）核实 PC 构件供应量是否满足现场吊装的需求，能否确保现场的安装进度顺利进行。

（5）挂钩起吊：墙板离车 20～30cm 高，观察墙板是否水平、钢丝绳是否全数拉直受力，安全的吊运至就位点上方。

（6）吊运：塔式起重机将 PC 挂板吊离地面时，迅速检查挂板上下是否水平，各吊钉的受力是否受力均匀，吊运过程中下面严禁站人。

（7）就位：对位后缓慢下落至构件离地 50cm 时，操作人员应靠近扶板就位，根据控制线准确的就位。

（8）构件固定：安装调节斜支撑，确保支撑杆受力均匀，不得影响后续叠合梁吊装，确保垂直度偏差 3mm 以内。

（9）垂直度检查：用铝合金挂尺检测构件垂直度，用旋转斜支撑调整确保垂直度偏差在 3mm 以内，确保接缝上下缝隙宽度一致。

（10）取钩；检查构件水平与垂直度是否满足验收要求，构件支撑固定到位后再取钩。

（11）墙板连接件安装符合设计图纸与标准要求，墙板竖向拼缝封堵到位。

（12）装配式结构安装完毕后，根据《混凝土结构工程施工质量验收规范》GB 50204—2015 尺寸偏差应符合表 3-8 要求。检查数量：按楼层、结构缝或施工段划分检验批。在同一检验批内，对梁、柱，应抽查构件数量的10%，且不少于3件；对墙和板，应按有代表性的自然间抽查10%，且不少于3间；对大空间结构，墙可按相邻轴线间高度5m左右划分检查面，板可按纵、横轴线划分检查面，抽查10%，且均不少于3面。

预制结构构件安装尺寸的允许偏差及检验方法　　表3-8

项目			允许偏差（mm）	检验方法
构件中心线对轴位置	基础		15	尺量检查
	竖向构件（柱、墙板、桁架）		10	
	水平构件（梁、板）		5	
构件标高	梁、板底面或顶面		±5	水准仪或尺量检查
构件垂直度	柱、墙板	<5m	5	经纬仪量测
		≥5m且<10m	10	
		≥10m	20	
构建倾斜度	梁、桁架		5	垂线或钢尺量测
相邻构件平整度	板端面		5	钢尺、塞尺量测
	梁、板下表面	抹灰	5	
		不抹灰	3	
	柱、墙板侧表面	外漏	5	
		不外露	10	
构件搁置长度	梁板		±10	尺量检查
支座、支垫中心位置	梁、板、柱、墙板、桁架		±10	尺量检查
接缝宽度	板	<12m	±10	尺量检查

5. 外墙板吊装施工检查

在外墙板吊装时，项目监理机构应安排专业监理工程师和监理员对外墙板吊装施工进行旁站监理。

（1）现场监理人员应监督外墙板吊装，按挂钩—起吊—落位—校正—取钩—堵缝—取钩流程施工。

（2）挂钩

检查吊爪是否固定牢固，钢丝绳是否拉直均匀受力。

（3）起吊（图3-5）

1）墙板离车20～30cm高复核墙板是否水平、钢丝绳是否全数拉直均衡受力。

2）两点起吊时是否增加保护用软索。

（4）落位（图3-6）

1）根据设计图纸按PC构件的编号进行就位，构件离地50cm处控制降落速度扶正构件准确就位。

2）检查外墙板校正后连接件加固是否到位。

3）取钩前检查斜支撑是否固定，连接件是否已经安装，吊装取钩人员安全防护措施是否到位（图3-7）。

（5）校正（图3-8）

图 3-5　外墙板起吊示意

图 3-6　外墙板吊装落位示意

图 3-7　吊装取钩

图 3-8　构件吊装校正

1）墙板落位后旁站监督构件安装校核，安装精度控制在规范允许偏差范围内。

2）外墙板就位后检查板与板拼缝是否满足设计要求，板缝上下是否一致，接缝两边板面是否平整，如有偏差可用两根撬棍同时撬动墙板进行微调就位并用两根斜支撑调节板件垂直度。

3）安装完成后用铝合金靠尺对墙面垂直度进行随机抽检。

（6）连接件安装（图 3-9）

1）安装连接件前需检查外墙板拼缝是否均匀，标高是否正确，垂直度是否符合要求。

2）安装连接件时注意螺栓不宜拧得太紧以免造成相邻板外挂板面接缝错位。

3）连接件固定后用点焊焊牢，将紧固螺栓与连接件焊实防止浇筑混凝土时连接件位移致使外挂板错位变形。

4）连接件安装应作为一项隐蔽工程有专人负责现场实时验收。

图 3-9　连接件安装示意

（7）接缝连接

检查构件竖向拼缝是否封堵到位，以免浇筑混凝土时漏浆（图 3-10）。

图 3-10　外墙拼缝堵缝

6. 内、隔墙板吊装施工检查

在内、隔墙板吊装时，项目监理机构应安排专业监理工程师和监理员对吊装施工进行旁站监理。

（1）现场监理人员应监督内、隔墙板吊装，按挂钩—起吊—吊运—落位—校正—斜支撑固定—取钩—连接固定流程施工。

（2）挂钩

检查叠合梁吊点是否完好，挂钩钢丝绳是否均衡牢靠。

（3）起吊（图 3-11）

1）检查钢丝绳、吊爪、卸扣单点受力能否满足受力承载值。

2）吊起时检查吊钩与构件是否垂直，检查是否按图纸编号进行就位。

图 3-11　墙板起吊图

（4）落位（图 3-12）

1）检查 PC 构件是否按照设计图纸编号、位置就位。

2）落位时注意构件正反面。

图 3-12　墙板落位图

（5）校正

1）检查构件落位位置是否精确，督促施工单位用撬棍对 PC 构件精准校正。

2）用铝合金靠尺对墙面垂直度进行检查，无法满足垂直度要求时督促施工单位通过斜撑进行微调（图 3-13、图 3-14）。

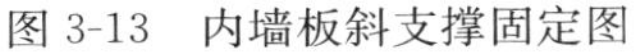

图 3-13　内墙板斜支撑固定图

图 3-14　内墙板检验垂直度图

（6）取钩

取钩时检查安全防护措施是否到位，吊装与构件是否完全脱离（图 3-15）。

图 3-15　吊装取钩检查

（7）构件安装允许偏差检验

根据表 3-8 进行检查。

7. 预制柱、叠合梁吊装施工检查

在外挂板吊装时，项目监理机构应安排专业监理工程师和监理员对吊装施工进行旁站监理。

（1）预制柱吊装检查

1）审核预制柱的吊装顺序是否合理，是否按照角柱、边柱、中柱顺序进行安装。

2）现场检查预制柱吊装控制线是否放设到位，预制柱轴线、外轮廓线是否测量精确标记清楚。

3）检查预制柱吊装落位后，竖向插筋位置是否贴在灌浆孔边。

4）柱吊装旁站督察，构件安装后是否固定到位，位置、垂直度是否满足要求。

5）就位前应在墙板底部设置调平装置。

6）安装就位后应设置可调斜撑临时固定，测量预制柱的水平位置、垂直度、高度等，通过垫片、临时斜支撑进行调整。

（2）叠合梁吊装检查

1）柱、叠合梁吊装流程：挂钩—起吊—支撑就位—落位—校正—夹具固定—取钩—连接牢固。

2）安装时宜遵循先主梁后次梁、先低后高的原则。

3）安装前，应测量并修正临时支撑标高，确保梁底标高一致，并在柱上弹出梁边控制线，安装后根据控制线进行调整。

4）安装前，应复核柱钢筋与梁钢筋的位置、尺寸，对梁、柱钢筋位置有冲突的，应按设计确认的方案调整（图 3-16）。

图 3-16　梁构件吊装钢筋位置图

5）安装时梁伸入支座的长度与搁置长度应符合设计要求。

6）安装就位后应对水平度、安装位置、标高进行检查。

7）叠合梁的临时支撑在后浇混凝土强度达到设计要求后方可拆除。

（3）挂钩

1）检查叠合梁吊点是否完好，挂钩钢丝绳是否牢固。

2）部分梁构件因装车原因吊装前先将叠合梁卸至地面上，地面需平整，并用两根方木垫平。

（4）支撑就位

检查每根叠合梁下是否准备两根及以上支撑，支撑标高是否复合梁底设计标高。

（5）落位

检查梁端定位线有无偏差、梁底标高线是否满足设计图纸要求。

（6）校正

检查构件平整度、垂直度是否在构件安装检查标准允许偏差范围内。

（7）夹具固定（图 3-17）

图 3-17 叠合梁夹具固定

检查夹具式支撑对叠合梁是否固定到位，防止构件因振捣受力产生偏位。每根梁不少于 2 个夹具，距梁端间距不小于 400mm。

（8）取钩

取钩前确保构件固定牢固，取钩人员防护措施是否到位。

（9）连接固定

检查外挂板下排胡子筋是否与叠合梁钢筋或板面钢筋连接牢固。

（10）叠合梁就位后检查支撑位置是否适宜，采用的（U 形或 Z 字形）夹具是否正确，墙板与叠合梁的垂直度、构件拼缝封堵是否处理到位。

8. 叠合板、楼梯吊装施工检查

在外墙板吊装时，项目监理机构应安排专业监理工程师和监理员对外墙板吊装施工进行旁站监理。

叠合楼板吊装：支撑搭设—方木铺设—挂钩—起吊—落位—校正。

楼梯吊装：挂钩—卸车—翻边—挂钩—起吊—落位—校正。

（1）叠合楼板吊运（图 3-18）

1）挂钩

① 检查叠合楼板吊点设置是否合理，督查施工单位吊装时按照设计点位吊装。

② 吊起时注意吊钩与构件应垂直，注意按图纸编号进行就位（图 3-19）。

图 3-18 叠合楼板吊运图

图 3-19 叠合楼板挂钩图

2）落位检查（图 3-20）

根据构件编号及构件标识方向进行落位（同时参照构件制作详图在构件上预留孔洞）。

3）校正检查

① 叠合板短边支承在梁上 15mm。

② 叠合板长边与梁拼缝为 10mm，叠合板与叠合板长边拼缝为 20mm。

图 3-20 叠合楼板吊装就位

（2）楼梯吊装（图 3-21、图 3-22）

1）挂钩

检查挂钩是否稳固垂直、吊装钢丝绳设置是否合理，钢丝绳长短比为 2：1。

图 3-21 预制楼梯吊运

图 3-22 楼梯间隔墙吊装

2）起吊

根据图纸、构件编号进行吊装。

3）落位

① 根据构件编号及构件标识方向进行落位。

② 楼梯落位前休息平台板必须安装调节完成，因平台板需承担部分梯段荷载，因此下部支撑必须牢固并形成整体。

③ 楼梯吊装落位后应将休息平台底部钢筋与相邻叠合板及墙板焊接牢固，防止平台板倾覆。

④ 预制装配楼梯板宜为整体预制构件。

4）校正

① 楼梯梯段上、下部搭接休息平台长度是否满足设计图纸要求。

② 楼梯梯段两侧留的安装间隙是否影响后续吊装和工艺施工。

③ 楼梯安装允许偏差检查（表 3-9）。

预制楼梯安装允许偏差表 **表 3-9**

项目	允许偏差（mm）	检验方法
顶支撑/竖向钢管间距	50	钢尺检查
叠合板底面接缝平整度	3	2m 检测尺检查
楼梯梯段支承长度	5	钢尺检查

3.4.2.2 构件安装接缝检查

项目监理机构应将拼缝处理作为一项隐蔽工程验收，安排专业监理工程师或监理员对拼缝处理重点督查。

（1）PC 构件安装后应检查构件与构件之间的拼缝，构件与现浇部分墙体之间的接缝进行处理。

（2）接缝处理为装配式施工重要控制节点，拼缝处理须达到防水、墙柱混凝土浇筑防止漏浆的效果。

（3）构件与构件的拼缝处理

1）检查是否按照设计工艺要求实施。

2）检查建筑密封胶与抗裂砂浆是否符合设计要求，严禁使用普通砂浆进行拼缝处理。

3）PC 构件拼缝处理前应打磨、修补、灰尘清理干净。

4）根据设计要求填充垫料，根据缝宽选择合适的宽深比，宜为 2∶1。

5）检查打胶前是否做好墙体防污染措施，拼缝两侧须粘贴胶带或美纹纸。

6）拼缝胶应填充饱满，均匀、顺直无断点、厚度符合设计要求（图 3-23）。

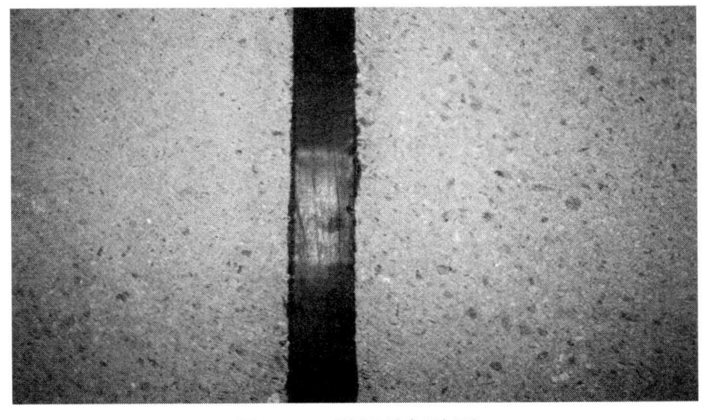

图 3-23 拼缝处打胶图

3.4.2.3 现场PC构件灌浆检查

项目监理机构应对钢筋套筒灌浆连接作业、钢筋浆锚搭接连接灌浆作业实施旁站监理，并做好旁站监理记录。

（1）构件安装前应检查预制构件上的套筒、预留孔的规格、位置、数量和深度，当套筒、预留孔有杂物时，应清理干净。

（2）应检查被连接钢筋的规格、数量、位置和长度。当连接钢筋倾斜时，应进行校直，连接钢筋偏离套筒或孔中心线不宜超过3mm，连接钢筋中心位置存在严重偏差影响预制构件安装时，应与设计单位指定专项处理方案，严禁随意切割，强行调整定位钢筋。

（3）灌浆检查

1）检查灌浆套筒的结构，其中包含筒壁、剪力槽、灌浆口、排浆口、钢筋定位销需满足《钢筋套筒灌浆连接应用技术规程》JGJ 355—2015和《钢筋连接用灌浆套筒》JG/T 398—2012的规定。

2）检查连接钢筋是否与灌浆孔有灌浆间隙，确保灌浆能顺利进行。

3）现场灌浆检查

① 灌浆作业应作为一项隐蔽工程验收，项目监理部应对隐蔽工程验收；现场工程师应做好现场验收记录，并保存灌浆影像资料。

② 原材料验收：采用的灌浆料，进场前提供产品合格证，出厂检验报告，核对灌浆料拌制、使用说明。

③ 监督灌浆工艺流程：灌浆准备工作—接缝封堵及分仓—灌浆料准备—灌浆—灌浆后节点保护。

④ 灌浆前应对接缝周围采用专用封堵材料进行封堵，柱子可采用木板条封堵。

⑤ 灌浆作业全过程专职检查员与监理旁站并及时形成质量检查记录影像存档。

⑥ 高空灌浆作业：应采取安全防护措施，施工人员必须系好安全带施工。

⑦ 灌浆试块的制作：监督施工方及时制作灌浆料检测试块，防止一次性多做和漏做的现象。

⑧ 现场巡视检查灌浆后施工单位对灌浆构件是否有保护措施，灌浆后的构件在规定的时间内是否存在扰动破坏。

3.4.2.4 现场钢筋工程施工检查

项目监理机构应对钢筋工程重点督查，钢筋工程作为一项重要的隐蔽验收分项工程，在施工方自检合格后报项目监理部申请钢筋工程隐蔽验收，并形成隐蔽验收资料文档。

（1）钢筋进场检验时，应检查钢筋的质量证明文件，质量证明文件包括产品合格证和出厂检测报告，并应按国家现行相关标准的规定，抽取试件作屈服强度、抗拉强度、伸长率、弯曲性能和重量偏差检验。检验应按相关产品标准规定的检验批划分及取样数量、方法等执行。

（2）成型钢筋进场检验

成型钢筋进场检验时，应检查成型钢筋的质量证明文件（专业加工企业提供的产品合格证、出厂检验报告)、成型钢筋所用材料质量证明文件及检验报告，并应抽取试件检验成型钢筋的屈服强度、抗拉强度、伸长率和重量偏差。

(3) 钢筋加工检查

1) 钢筋加工的形状、尺寸应符合设计要求，其偏差应符合规范要求。

检查数量：按每工作班同一类型钢筋，同一加工设备抽查不应少于 3 件。

检验方法：尺量检查。

2) 钢筋半成品、钢筋网片、钢筋骨架和钢筋桁架应检查合格后方可进行安装，并应符合下列规定：

① 钢筋表面不得有油污，不应严重锈蚀。

② 钢筋网片和钢筋骨架宜采用专用吊架进行吊运。

③ 混凝土保护层厚度应满足设计要求。保护层垫块宜与钢筋骨架或网片绑扎牢固，按梅花状布置，间距满足钢筋限位及控制变形要求，钢筋绑扎丝甩扣应弯向构件内侧。

3) 钢筋成品的尺寸偏差检查，应表 2-12 进行检查。

(4) 施工准备检查

1) 检查是否做好技术交底及安全知识教育工作，必须贯彻执行、组织层层交底。

2) 列出材料计划、进度计划按周次上报，布置好工具棚、成品堆场、加工场，做好现场文明施工工作。

3) 按要求接好水、电系统，安排专人专职管理。

(5) 柱、剪力墙钢筋绑扎检查（图 3-24）

图 3-24 现场钢筋绑扎

1) 检查施工单位主要材料及主要机具是否准备到位。

2) 按质量验收规范及标准图集进行钢筋绑扎验收。

3) 梁与柱节点钢筋绑扎是装配式施工的重要节点，检查叠合梁钢筋必须锚入墙柱钢筋内侧、墙柱箍筋绑扎高度不宜超过梁底。

4) 检查钢筋保护层厚度、拉钩设置、预留孔洞等是否到位。

5) 检查预留洞口加强筋是否按标准图集加设到位等。

(6) 楼面钢筋检查（图 3-25）

专职监理工程师现场巡视检查应重点检查以下内容：

1) 楼面钢筋绑扎，钢筋的间距与规格须符合设计规范要求。

图 3-25　楼面钢筋图

2）钢筋对其位置、数量、长度应进行检查，且符合设计图纸的要求；钢筋保护层厚度是否符合规范要求，钢筋的保护层垫块间距布置是否合理，柱子箍筋间距是否符合设计规范要求。

3）楼面钢筋完成后在浇筑混凝土前必须复查支撑架体是否牢固，支撑方木是否受力均衡、平水标高是否有偏差。

4）现场检查楼面钢筋绑扎，其搭接长度和锚固长度必须满足结构设计总说明及技术规范要求。

5）检查楼面钢筋绑扎是否到位，外围两行以及柱筋的相交点满扎，中间可采用梅花形绑扎，须保证受力钢筋不位移；双向受力的钢筋，必须全部扎牢。

6）现场巡视检查应着重检查上排钢筋的下沉和踩塌现象，楼面钢筋在混凝土施工时有无可靠的保护措施。

7）检查外挂板下排胡子钢筋是否调直锚入框架梁内，与楼板面筋进行绑扎。

8）检查楼板拼缝处加强钢筋是否按设计图纸绑扎就位。

9）叠合板面层钢筋按设计图纸和规范要求进行绑扎，需重点检查叠合板支座附加钢筋是否加设到位。

10）审核钢筋工程节点控制表（表 3-10）。

钢筋工程节点控制表　　**表 3-10**

开始时间：　　完成时间：

<table>
<tr><td>项目情况</td><td colspan="2">栋号：　　栋层：　　气候温度情况：</td><td colspan="3">验收情况</td></tr>
<tr><td>施工步骤</td><td>施工内容</td><td>质量要求与标准</td><td>施工班组自检</td><td>栋号质检验收</td><td>栋号负责人验收</td></tr>
<tr><td rowspan="4">剪力墙、柱</td><td>受力钢筋</td><td>全数检查，钢筋的品种、规格、级别和数量必须符合设计要求；受力钢筋连接可采用绑扎或电渣压力焊</td><td></td><td></td><td></td></tr>
<tr><td>连接方式</td><td>全数检查，连接方式符合设计和规范要求</td><td></td><td></td><td></td></tr>
<tr><td>保护层</td><td>保护层设置的合格率应达到 90%以上</td><td></td><td></td><td></td></tr>
<tr><td>水平横向钢筋</td><td>间距符合设计要求</td><td></td><td></td><td></td></tr>
</table>

续表

施工步骤	施工内容	质量要求与标准	施工班组自检	栋号质检验收	栋号负责人验收
剪力墙、柱	剪力墙、柱筋、水平横向钢筋	数量、品种、规格、间距符合设计要求，柱端处箍筋加密区及其他符合规范要求。有框架梁处绑扎高度至梁底口，否则框架梁钢筋不能锚入柱内，框架梁不能正常就位；框架梁就位后，框架梁与剪力墙（柱）节点部位箍筋必须按设计（规范）要求进行设置			
	拉钩	根据设计要求放置，按规范绑扎			
	钢模定位用钢筋	根据钢模定位边线及现浇混凝土厚度；将短钢筋垂直焊接到竖向钢筋上，用于钢模板定位			
	水电管线预埋	按设计图纸将水电管线及预埋件固定于钢筋网片上			
	杂物清理	剪力墙和柱内封模前必须清理干净			
安装验收	班组自检签字	栋号质检人员验收	专业监理工程师	时间	年　月　日
楼板、梁，钢筋绑扎	叠合板拼缝封堵	钢筋绑扎前先用硬性水泥砂浆对板缝进行封堵，防止浇筑时混凝土填满 PC 板拼缝			
	外挂板钢筋拉直	将外挂板钢筋调直，锚入框架梁内			
	叠合板拼缝钢筋放置	根据设计图纸将拼缝钢筋摆放就位、固定			
	框架梁上部钢筋放置	根据设计图纸将框架梁上部钢筋绑扎固定			
	放置斜撑固定块	根据设计图纸及 PC 板预埋的孔洞，将斜撑固定块就位并与桁架钢筋相连			
	楼面水电管线预埋	根据设计图纸将预埋管线绑扎固定，管线上墙时，需严格控制其定位尺寸并固定牢固，伸出混凝土完成面不小于 50mm 并用胶带纸封闭管口			
	叠合板受力钢筋	全数检查，铜筋的品种、间距、规格、级别和数量必须符合设计要求			
	连接方式	全数检查，连接方式必须符合设计和规范要求			
	保护层	保护层设置的合格率应达到 90%以上			
	钢筋安装位置	钢筋位置的偏差应符合 GB 50204—2015 表 5.5.2 要求。			
	预埋件	预埋件的数量、规格、位置符合设计要求			
	成品保护	钢筋绑扎好后避免在钢筋上行人，楼板面筋及阳台板上部受力钢筋在浇筑混凝土前进行检查、整修，保持不变形，有专人看护			
安装验收	施工班组自检	栋号质检人员验收	专监签认	时间	年　月　日

注：1. 施工班组完成每一个单项工作后，必须及时填写此节点表，一层填写一份。此单作为施工单位进度款支付及项目管理人员绩效考核的依据。

2. 报检规定（每个“类别”完成后）：施工班组自检—栋号质检人员验收—栋号负责人验收—报监理部专业监理工程师验收合格后才能从事下一道工序装配。

11）钢筋安装允许偏差检验（表 3-11）。

钢筋安装允许偏差及检验方法　　　　**表 3-11**

项　目			允许偏差（mm）	检验方法
绑扎钢筋网	长、宽		±10	钢尺检查
	网眼尺寸		±20	钢尺量连续三档，取最大值
绑扎钢筋笼	长		±10	钢尺检查
	宽、高		±5	钢尺检查
	间距		±10	钢尺量两端、中间各一点
受力钢筋	排距		±5	取最大值
	保护层厚度	基础	±10	钢尺检查
		柱、梁	±5	钢尺检查
		板、墙、壳	±3	钢尺检查
绑扎箍筋、横向钢筋间距			±5	钢尺量连续三档，取最大值
钢筋弯起点位置			20	钢尺检查
预埋件	中心线位置		5	钢尺检查
	水平高差		+3，0	钢尺和塞尺检查

3.4.2.5　支撑体系方案的审查

项目监理机构应对装配式支撑体系重点检查，对支撑搭设方案进行审查，专业监理工程师应对支撑体系重点巡视检查。

1. 模板支撑检查（图 3-26）

（1）现场监理人员应对已审批方案进行现场检查。

（2）检查模板工程对支撑体系计算书的荷载取值是否符合工程实际，计算方法是否正确。

（3）检查模板工程及支撑体系细部构造的大样图、材料规格尺寸、连接件等是否完整。

（4）检查模板工程及支撑体系安全技术措施是否有针对性和可操作性。

（5）检查模板工程及支撑体系施工流程及施工方案是否符合有关标准和要求。

图 3-26　墙柱大模板支撑图

2. 水平构件支撑搭设要求检查（图 3-27）

（1）检查叠合板吊装支撑搭设。

（2）检查搭设标高、立杆间距、架体稳定性是否符合要求。

（3）支撑架设置可调拖座是否符合标准，顶升高度是否符合可调拖座外露长度要求。

（4）方木铺设方向与叠合板拼缝方向是否垂直。

（5）构件落位后检查支撑体系各支撑点是否有悬空，是否受力均匀。

图 3-27　叠合楼板支撑搭设

3. 板底支撑检查

叠合板底常用支撑有独立式三角支撑体系、工具式支撑体系（如：盘扣式、轮扣式、碗扣式等）、键槽式支撑体系和脚手架钢管支撑体系，不同的支撑体系在实际使用的过程中操作步骤、注意事项和适用范围各不相同。

（1）现场检查独立三角支撑

1）工字木长端距墙边不小于 300mm，侧边距墙边不大于 700mm。

2）独立立杆距墙边不小于 300mm，不大于 800mm。

3）独立立杆间距小于 1.8m，当同一根工字木下两根立杆间距大于 1.8m 时，需在中间位置再加一根立杆，中间位置的立杆可以不带三脚架；工字木方向需与预应力钢筋（桁架钢筋）方向垂直。

4）工字木端头搭接处不小于 300mm。

5）独立支撑体系不适应于悬挑构件，如空调板、外阳台、楼梯休息平台等处。

（2）现场检查盘扣式支撑

1）审查施工单位针对盘扣式支撑是否进行施工安全、技术交底。

2）项目部是否组织现场管理人员和施工工人认真学习施工图纸和《建筑施工承插型盘扣式钢管支架安全技术规程》JGJ 231—2010。

3）通过放线确定立杆定位点，再进行放置纵向扫地杆，依次向两边竖立立杆，进行固定。

4）审核施工现场实际情况对架体间距及承载力进行计算。

5）立杆底端应支承在坚实基面上，搭设完一榀架体后，应检查搭设架体扣接是否紧固，搭设完整体支撑后，应进行立杆垂直度和标高检查。

6）搭设完毕后，安装可调顶托，检查可调顶托插入立杆不得小于150mm。

7）检查立杆距剪力墙边不小于500mm，且不宜大于800mm。距预制墙端间距可适当调节，但不应少于200mm。

（3）检查键槽式支撑

1）审查施工单位针对键槽式支撑是否进行施工安全、技术交底。

2）项目部是否组织现场管理人员和施工工人认真学习施工图纸和《建筑施工承插型键槽式钢管支架安全技术规程》DBJ43/313—2017。

3）审核施工现场实际情况对架体间距及承载力进行计算。

4）审核通过放线确定立杆定位点，脚手架搭设前由项目部绘制详细的脚手架布置图，现场按照脚手架布置图放线。

5）检查再搭设纵向扫地杆，依次向两边竖立立杆，进行固定。每边竖起3～4根立杆，搭设纵向水平杆和横向水平杆，进行校正敲紧。

6）巡视搭设完毕后安装支撑头，后期安装顶部横杆及加强横杆，调平。

7）检查搭设完毕后安装可调顶托，可调顶托插入立杆不得小于150mm。

8）抽查立杆距剪力墙端不宜小于500mm，且不宜大于800mm。距预制墙端间距可适当调节，但不应少于200mm。

4. 检查钢管扣件式支撑

（1）审核图纸编制扣件式支撑施工方案，是否进行施工技术交底。

（2）审核施工现场实际情况对架体间距及承载力进行计算。

（3）检查是否先搭设梁部立杆，后搭平板立杆。

（4）立杆设立时纵向、横向间距均不得大于1200mm，扫地杆离地不大于200mm，上部间距不得大于1.5m/道。

（5）检查支撑架上部调节部分是否采用U形托，U形托与楞梁两侧如有间隙，必须紧固，其螺杆伸出钢管的立柱顶端应沿纵横向设置一道水平杆，自由高度不得大于500mm。

（6）抽查搭设完毕后安装可调顶托，可调顶托插入立杆不得小于150mm，伸出长度不宜超过300mm。

（7）梁底需要单独加支撑，间距不超过1000mm，且需与水平横杆同步距拉结。

（8）紧固件均须备齐，所有紧固件必须扣紧，不得有松动，梁承重架横杆下必须加双扣件。

3.4.2.6 楼板水电管线预埋检查

（1）根据设计图纸对现浇部分的管线预埋是否固定牢固。

（2）检查预埋完成的管道、线盒是否用胶带纸封闭，以防砂浆等杂物落入其内造成堵塞。

（3）线管需敷设在桁架下方，交叉位置应避开桁架筋。

（4）检查楼面预埋套管、线管布线是否符合图纸要求，套筒与受力钢筋的连接是否牢固，方向、尺寸是否准确，线管的接头是否连接牢固，摆放是否正确。

3.4.2.7 模板施工检查

项目监理机构应对装配式建筑模板施工重点督查，专业监理工程师对使用模板类型、支模方式、模板安装、加固进行检查。

1. 模板施工方案审核

（1）装配式模板施工方案编制依据是否正确。

（2）支模方式与装配式结构形式是否合理。

（3）分析模板受力、单点拉模螺杆受力是否满足施工要求。

（4）模板施工工艺、组织流程是否正确。

（5）模板施工方案质量、安全保证措施是否到位等。

2. 安全技术交底内容审查

（1）墙柱模板安装，按剪力墙柱定位放线—拼装模板—涂刷涂膜剂—吊装模板—安装模板—安装内外对拉螺杆—模板堵缝—模板验收合格后再进行混凝土浇捣流程。

（2）模板支撑不得使用腐朽、断裂、劈裂的材料，顶撑要垂直，底端平整坚实并加垫木。

（3）支模应严格检查，发现模板严重变形、螺栓松动等应及时修复。

（4）支模应按工序进行，模板没有固定前不得进行下一道工序，禁止利用拉杆、支撑攀登上下。

（5）支设4m以上的立柱模板，四周必须顶牢。操作时要搭设工作台，不足4m的可使用马凳操作。

（6）支设独立梁模时应设临时工作台，不得站在柱模上操作和梁底模上行走。

（7）拆除模板应经施工技术人员同意。操作时应按顺序分段进行，严禁猛撬，硬砸或大面积撬落和拉倒。完工后，不得留下松动和悬挂的模板。拆下的模板应及时运送到指定地点集中堆放，防止钉子扎脚。

3. 现场巡视检查

（1）封模前审核各项隐蔽验收是否合格，施工内容是否完成。

（2）检查柱模板制作能否达到质量控制要求，模板背楞、拉模螺杆点位、间距设置是否合理。

（3）检查模板与预制构件搭接长度、密封措施是否到位。

（4）检查加固方式是否合理，有门垛的位置、异型柱有无专项加固措施。

（5）装模前检查柱边线、剪力墙边线放设是否正确，截面尺寸是否满足设计要求。

（6）检查安设围楞、抱箍，校正截面尺寸、位置、标高。

（7）用线锥、经纬仪等校正柱模垂直度后与承重架和支撑系统固定牢固，并确保整个支模系统有足够的强度、刚度要求。

（8）检查使用的模板类型有无与之配套的使用的脱模剂，脱模剂的涂刷是否均匀满涂且不应过量。

（9）检查柱模与梁接口贴合是否密实，叠合梁有无防倾斜位移措施，剪力墙模板安装示意如图3-28所示。

（10）模板支撑加固方式是否正确，模板安装后检查内空尺寸是否满足设计要求。

图 3-28　剪力墙模板安装示意

（11）电梯井内模板下口封堵措施是否到位，模板阴角拼接缝有无可靠的加固措施。

（12）使用铝模板支模时，U 形剪力墙模板有无微调构造，防止墙柱混凝土浇筑后模板拆不出。

（13）模板上口与拉模螺杆距离较大时，有无防止模板变形的措施。

4. 拆模要求

（1）模板拆模前监理应审查混凝土构件检查报告，是否达到拆模要求。

根据《混凝土结构工程施工规范》GB 50666—2011 的有关规定：底膜及支架应在混凝土强度达到设计要求后在拆除；当设计无具体要求时，同条件养护的混凝土构件拆模强度应符合表 3-12 的规定。

混凝土构件拆模强度　　　　**表 3-12**

构件类型	构件跨度（m）	达到设计混凝土强度等级值的百分率（%）
板	≤2	≥50
	>2，≤8	≥75
	>8	≥100
梁、拱、壳	≤8	≥75
	>8	≥100
悬臂结构		≥100

（2）具备完整的拆模措施，保证工程结构、构件各部分形状和外观质量的完好。

（3）有完整拆模方案，先支后拆后支先拆，先拆非承重后拆承重结构。

（4）构造简单，装拆方便，并便于钢筋的绑扎与安装和混凝土的浇筑及养护等。

（5）拆模前审核各项程序审批是否完成，经施工单位申报，监理单位签字确认。

5. 现浇结构模板安装

（1）检查数量：在同一检验批内。对梁、柱和独立基础，应抽查构件数量的 10%，且不少于 3 件；对墙和板，应按有代表性的自然间抽查 10%，且不少于 3 间；对大空间结构，墙可按相邻轴线间高度 5m 左右划分检查面，板可按纵横轴线划分检查面，抽查 10%，且均不少于 3 面。

（2）预制构件模板尺寸的允许偏差和检验方法见表 3-13。

预制构件模板尺寸的允许偏差和检验方法 **表 3-13**

项次	检验项目、内容		允许偏差（mm）	检验方法
1	长度	≤6m	1，2	用尺量平行构件高度方向，取其中偏差绝对值较大处
		>6m 且≤12m	2，−4	
		>12m	3，−5	
2	宽度、高（厚）度	墙板	1，−2	用尺测量两端或中部，取其中偏差绝对值较大处
		其他构件	2，−4	
3	底模表面平整度		2	用 2m 靠尺和塞尺量
4	对角线差		3	用尺量对角线
5	侧向弯曲		$L/1500$ 且≤5	拉线，用钢尺量测侧向弯曲最大处
6	翘曲		$L/1500$	对角拉线测量交点间距离值的两倍
7	组装缝隙		1	用塞片或塞尺量测，取最大值
8	端模与侧模高低差		1	用钢尺量

注：L 为模具与混凝土接触面中最长边的尺寸。

（3）整体式结构模板安装的允许偏差见表 3-14。

整体式结构模板安装的允许偏差 **表 3-14**

项　次	项　目	允许偏差（mm）
1	轴线位置	3
2	底模上表面标高	±5
3	截面内部尺寸（柱、墙、梁）	±2
4	层高垂直度	3
5	相邻两板表面高低差	2
6	表面平整度	2

（4）预埋件和预留孔洞的允许偏差见表 3-15。

预埋件和预留孔洞的允许偏差 **表 3-15**

项　次	项　目	允许偏差（mm）
1	预埋钢板中心线位移	3
2	预埋管中心线位移	3
3	预埋螺栓中心线位移	3
4	预埋螺栓外露长度	+10、−0
5	预留孔中心线位移	3
6	预留洞中心线位移	10
7	预留洞截面内部尺寸	+10、−0

（5）模板安装的允许偏差和检查方法见表 3-16。

模板安装允许偏差和检查方法 表 3-16

项　目		允许偏差（mm）	检验方法
轴线位置		5	钢尺检查
模板上口标高		0，－5	水准仪或拉线、钢尺检查
截面内部尺寸柱、墙		＋4，－5	钢尺检查
层高垂直高度	≤5m	6	经纬仪或吊线、钢尺检查
	＞5m	8	经纬仪或吊线、钢尺检查
表面平整度		6	2m 靠尺和塞尺检查

6. 模板保护措施检查

（1）模板保护流程：拆卸模板—清理模板—存放模板。

（2）运输时，注意保护面板不受损坏。

（3）使用前，检查并紧固模板配件。

（4）装模前，模板表面清理干净涂刷脱膜剂。

（5）清理完成后需将模板指定堆放（图 3-29）。

图 3-29　成品模板存放与清理

3.4.2.8　混凝土施工检查

1. 现场监理对材料进行进场验收

核对水泥、外加剂、配合比、进场混凝土电子配料单等纸质资料。

2. 现场混凝土试件取样监督

（1）用于检验混凝土强度的试件应在浇筑地点随机取样。

（2）检查数量：对同一配合比混凝土，取样与试件预留应符合下列规定：

1）每拌制 100 盘且不超过 $100m^3$ 时取样不得少于一次。

2）每工作班拌制不足 100 盘时，取样不得少于一次。

3）连续浇筑超过 $1000m^3$ 时，每 $200m^3$ 取样不得少于一次。

4）每一楼层取样不得少于一次。

（3）每次取样应至少留置一组标准养护试件，同条件养护试件的留置组数应根据实际需要确定。每3个试件应从同一盘或同一车的混凝土中取样制作。

（4）有耐久性能需求时，应在施工现场进行耐久性试验。同一配合比的混凝土，取样不应少于一次，留置组数应根据实际需要确定。

（5）有抗冻性能需求时，应在施工现场进行混凝土抗冻性检验。同一配合比的混凝土，取样不应少于一次，留置组数应根据实际需要确定。

（6）有抗渗性能需求时，连续浇筑混凝土每500m^3应留置一组6个抗渗试件，且每项工程不得少于两组；采用预拌混凝土的抗渗试件，留置组数应视结构的规模和要求而定。

（7）检验批抽样样本因应随机抽取，应满足分布均匀、具有代表性的要求，抽样数量除另有规定外，不应低于表3-17的规定。

检验批最小抽样数量 **表3-17**

检验批的容量	最小抽样数量	检验批的容量	最小抽样数量
2～8	2	91～150	8
9～15	2	151～280	13
16～25	3	281～500	20
26～50	5	501～1200	32
51～90	5	1201～3200	50

3. 材料及主要机具审查（表3-18）

混凝土施工主要工具表 **表3-18**

序号	工具	数量	备注
1	泵车	/	
2	料斗	/	
3	振动棒（ϕ30mm）	/	
4	振动棒（ϕ50mm）	/	
5	刮杆	/	
6	木抹子	/	

4. 楼面混凝土浇筑

楼面混凝土浇捣时，现场监理人员应检查：

（1）叠合板预制层表面浇水湿润，严格按设计要求对预制件与新浇混凝土界面进行处理。

（2）将楼面混凝土完成面标高引至钢筋上，浇筑时拉线对楼面平整度进行控制并按要求振捣密实。

（3）混凝土振捣密实后用木抹子将其抹平，拉线并测量标高，其平整度偏差不超过8mm。

（4）浇筑完毕后12h内浇水养护（室外气温不低于5℃）。

（5）叠合楼板就位后，经检查无误后开始在楼板上预埋线管、面层钢筋铺设，其后经隐蔽验收合格就开始叠合楼板面层现浇钢筋混凝土的现浇施工。

（6）检查墙板与楼板拼装缝隙、楼板的接缝是否封堵到位确保浇筑混凝土时无浆渗漏处。

（7）楼面现浇混凝土按规定浇水养护，具体施工措施详见钢筋模板混凝土方案，混凝土工程节点控制见表 3-19。

混凝土节点控制表 **表 3-19**

开始时间： 完成时间：

<table>
<tr><td>项目情况</td><td colspan="3">栋号层：</td><td>楼层：</td><td>构件编号：</td><td colspan="3">验收情况</td></tr>
<tr><td rowspan="2">混凝土浇筑后期控制</td><td colspan="2">成品保护及养护</td><td colspan="3">混凝土振捣时，避免振动或踩碰模板、钢筋及预埋件等，浇筑后强度未达到 1.2MPa，不得在其上进行下一工序施工、堆物，浇筑完成后 12h 内进行养护，养护时间不少于 7d。如遇高温天气，还需进行覆盖养护并且符合 CB 50204－2002 第 7.4.7 条规定的要求</td><td></td><td></td><td></td></tr>
<tr><td colspan="2">混凝土外观质量和尺寸偏差</td><td colspan="3">混凝土浇筑后对其外观质量和尺寸偏差进行检查，对有严重外观质量，影响结构和使用功能的尺寸偏差，施工单位应出具技术处理方案（检查标准参考 GB 50204—2002）</td><td></td><td></td><td></td></tr>
<tr><td>安装验收</td><td>施工班组自检</td><td></td><td>栋号质检人</td><td></td><td>专监签认人</td><td></td><td>时间</td><td>年月日</td></tr>
</table>

注：1. 施工班组完成每一个单项工作后，必须及时填写此节点表，一层填写一份；此单作为施工单位进度款支付及项目管理人员绩效考核的依据；

2. 报检规定（每个“类别”完成后），施工班组自检—栋号质检人员验收—栋号负责人验收—报现场监理工程师验收合格后才能从事下道工序装配。

（8）混凝土浇筑的尺寸允许偏差和检验方法见表 3-20。

现浇结构位置和尺寸允许偏差和检验方法 **表 3-20**

项目			允许偏差（mm）	检验方法
轴线位置	整体基础		15	经纬仪及尺量检查
	独立基础		10	经纬仪及尺量检查
	柱、墙、梁		8	尺量检查
垂直度	柱、墙层高	≤5m	8	经纬仪或吊线、尺量检查
		＞5m	10	经纬仪或吊线、尺量检查
	全高（H）		H/100 且≤30	经纬仪及尺量检查
标高	层高		±10	水平仪或拉线、尺量检查
	全高		±30	水平仪或拉线、尺量检查
截面尺寸			＋8，－5	尺量检查
电梯井	中心位置		10	尺量检查
	长、宽尺寸		＋25，0	尺量检查
	全高（H）垂直度		H/100 且≤30	经纬仪及尺量检查

续表

项目		允许偏差（mm）	检验方法
表面平整度		8	2m靠尺和塞尺检查
预埋件中心位置	预埋板	10	尺量检查
	预埋螺栓	5	尺量检查
	预埋管	5	尺量检查
	其他	10	尺量检查
预留洞、孔中心线位置		15	尺量检查

5. 现场预制构件与现浇管线连接检查

（1）管线与预埋构件、预埋线盒现场对接，对接锁母随预制构件、预埋线盒配套预埋。

（2）无对接管线的线盒锁母自带封口，无须二次封堵处理。

（3）现浇层管线与预制墙板预留管线对接时，应将对接线管插入钢筋中间的缝隙中，管线与管线应平行无堆叠敷设。

（4）管线对接完成后检查锁母是否牢固可靠。

（5）管线上方对接墙板内的管线及线盒管线已预埋到位，二次现浇层内的水平管线直接与竖向管线对接。

（6）管线下方对接墙板内的管线及线盒已预埋到位，二次现浇层内的水平管线通过软管连接，然后对孔洞进行封堵。

（7）管线横向对接预制件内管线与线盒预留到位，在与剪力墙接缝处预留直接，现场施工剪力墙时管线横向进行对接。

（8）预制楼板管线直接与全预制楼板的预留管线进行连接，并确保牢固后进行孔洞封堵。

（9）户内给水管的安装，当给水管设计为暗敷时，PC构件在相应的位置预留墙槽，将给水管固定在墙槽内即可，PC构件内不宜横向开槽。

（10）雨、废水管的安装，当排水管安装在建筑物外墙时，立管支架及法兰固定孔深度应不大于40mm否则会穿透外墙板。

6. 防雷现场焊接监理检查

（1）PC构件内的门套及窗套有防侧击雷设计要求时，应在工厂同时预留25mm×4mm扁钢，施工现场将扁钢与梁的贯通钢筋进行搭焊，搭接长度应满足设计要求。

（2）预埋圆钢应做尺寸定位，预制构件的施工现场将扁钢与梁的贯通钢筋进行搭焊，焊接长度不小于6倍直径且不小于80mm双面焊接，焊肉应饱满，焊波应均匀。

（3）局部等电位应做定位，采用在卫生间四周圈梁内两主筋焊接方式，卫生间底部面筋、剪力墙按600mm×600mm跨接焊接成网格，由圈梁焊接一根40mm×4mm镀锌扁钢连接卫生间局部等电位联结箱。

7. 柱、剪力墙混凝土浇捣

（1）混凝土浇筑用1.5～2m^3的混凝土料斗装料塔式起重机运送。

（2）混凝土浇筑前外围防护栏杆已施工完毕，操作平台已搭设完毕，混凝土浇捣操作人防护措施是否到位。

（3）浇筑混凝土前先浇水湿润连接部位，严格按设计要求对接触面进行处理。

（4）采用PC外挂板当柱模的柱、剪力墙混凝土必须分两次浇捣并用ϕ30mm振动棒振实。

（5）振捣混凝土时应严格控制操作流程，防止因漏振出现蜂窝、麻面，防止因强振而跑模、露筋。

（6）混凝土浇筑完12h内需进行浇水养护（室外气温不低于5℃），养护时间不少于7d，遇高温天气还需覆盖养护。

8. 混凝土浇筑前检查

现场监理人员应对以下内容进行检查：

（1）混凝土配合比应符合商品混凝土的标准要求。

（2）每车运送到现场的混凝土都应进行坍落度检测，不合格的混凝土禁止浇筑。

（3）混凝土28d标准试块制作时应通知监理员、质检员现场见证取样。标准试块的数量应符合国家现行有关标准的规定。

（4）混凝土浇筑前应对模板、支撑架、钢筋和预埋件等检查验收，并填写隐蔽工程验收单。

9. 混凝土振捣监理旁站检查

（1）插入式振动器移动间距不应超过振动器作用半径的1.5倍，与侧模应保持50～100mm的距离，插入下层混凝土深50～100mm；

（2）平板式振动器的移动间距宜覆盖已振实部分且不小于100mm；

（3）附着式振动器的间距应根据构件形状及振动器（振动棒）性能等情况经过试验确定；

（4）混凝土振捣应达到混凝土停止下沉，不再冒出气泡，表面呈现平坦、泛浆的要求；

（5）现场混凝土施工时防护措施是否到位（图3-30）。

图3-30　楼面夹具式防护

3.4.2.9 防水施工监理工作

装配式建筑防水主要有外墙接缝防水、屋面防水、厨卫防水、阳台防水等工艺。

1. 防水分包单位资质审查

项目监理部应对防水分包单位，经营执照、资质证书、组织机构代码、安全生产许可证、防水工操作证书、资质允许施工承包的范围等资料进行审查。

2. 防水施工方案审查

（1）项目监理部应对防水施工方案进行审查，防水施工方案由专业分包单位进行编制的检查有无相关分包单位责任人签字，总包单位是否对分包方案进行审核签字，相关程序是否履行到位。

（2）审核防水施工工艺流程施工是否合理，施工质量保证措施、成品防护措施是否到位。

（3）防水施工方案中构件拼装节点施工处理是否合理。

（4）施工方案组织、人员、工具配置是否满足施工进度要求等。

3. 防水材料取样工作

防水卷材抽查：

（1）以同一生产厂、同品种、同一等级的产品每小于1000卷为一验收批。

（2）在外观质量检验合格的卷材中，任取一卷作物理性能试验。

（3）切除距外层卷头2500mm后，顺纵向截取800mm全幅卷材式样2块，一块做物理性能检验用，另一块备用。

（4）聚合物水泥基防水涂料检验：每5t为一批，不足5t按一批抽样送检。

（5）聚氨酯胶检验：每5t为一批，不足5t按一批抽样送检。

4. 卷材防水施工检查

（1）卷材搭接时，大面积的卷材排气、压实后，再用小压辊对搭接部位进行碾压，从搭接内边缘向外进行滚压，压出空气，贴铺牢固。搭接时应对准搭接控制线进行，通常要求搭接宽度为100mm。

（2）屋面防水层的阴阳角，搭接缝等处容易发生空鼓，造成的原因是卷材防水层中存有水分，砂浆找平层不干，基层含水率过大，有潮气；卷材与基层粘接不实，压得不紧，水分受热后产生气体膨胀，使卷材起包起鼓，施工时要注意基层含水率和粘接密实。

（3）屋面工程如发生渗漏，多在穿墙管处、变形缝、后浇带等薄弱部位，施工时一定先做好附加层，确保防水质量。

（4）卷材防水层的搭接缝应粘接牢固，密封严密，不得有皱折、翘边和鼓泡等缺陷。

（5）卷材搭接密封薄弱的部位。如卷材长短边搭接、卷材收头、管道包裹及异型部位等，应采用密封膏密封。

（6）平面与立面相连处，卷材应紧贴阴角，附加层与防水层应粘接平实。接缝部位必须粘接牢固严密，绝不允许缝边空鼓，翘边滑移。第一层卷材与第二层卷材的搭接缝之间应错开300mm。确保防水质量，达到不渗不漏；伸缩缝V字形处的防水卷材长度不应小于100mm。

（7）卷材搭接宽度允许偏差为−10mm。

（8）屋面坡度小于3%时（本工程坡度为2%），卷材宜平行屋脊铺贴，上下层SBS卷材不得相互垂直铺贴。

（9）热熔铺贴卷材时，焊枪应处在成卷卷材与基层夹角中心线上，距粘接面300mm左右处。

（10）第二层铺贴的SBS卷材，必须与第一层SBS卷材错开1/2宽幅，其操作方法与第一层方法相同。

5. PC构件外墙拼缝防水施工检查

（1）外墙接缝板密封胶的防水、耐候等性能应符合要求。

（2）打胶施工按接缝深度、宽度处理—缝槽及缝边卫生清理—拼缝两侧贴防护美纹纸—防水胶打注—淋水实验流程进行。

（3）接缝深度、宽度确认是否符合设计标准，接缝内是否有浮浆及残留物，清理后用毛刷进行清理。

（4）根据缝隙宽度合理选择填充材料的规格，深处用泡沫棒或抗裂砂浆充分压实，再在上下两边粘贴美纹纸后进行打胶施工。

（5）打胶时应打胶饱满、无气泡、不要污染墙面，检查已修饰过的墙面，如有问题马上修补，确保表面光滑顺直、无气泡、无渗水现象（图3-31）。

图3-31　外墙接缝打胶图

（6）密封胶部位的基础应牢固，表面应平整、密实、不得有蜂窝、麻面、起皮和起砂现象，嵌缝密封胶的基础应干净和干燥。

（7）硅酮、聚氨酯、聚硫建筑密封胶应符合国家标准及相容性要求。

（8）密封胶嵌填后不得碰损和污染。

（9）施工过程中检查所有嵌满的密封胶是否满足设计厚度要求。

（10）对构件缝的防水施工进行全程的旁站监理，检查构件的横竖接缝的做法是否满足设计图纸及规范要求。

（11）对构件缝的防水、防火施工进行检查验收，对于防水要求可以采用淋水实验的手段，检查是否存在渗漏点。

6. 屋面防水施工检查

（1）屋面工程施工前，检查施工单位是否应进行图纸会审，屋面防水施工方案和质量保证措施是否全面。

（2）屋面工程施工时，应建立各道工序的自检、交接检和专职人员检查的“三检”制度，并有完整的检查记录。每道工序完成，应经监理单位（或建设单位）检查验收，合格后方可进行下一道工序的施工。

（3）屋面防水施工应由经资质审查合格的专业防水队伍进行施工，作业人员应持有当地建设行政主管部门颁发的上岗证。

（4）屋面工程所采用的防水、保温隔热材料应有产品合格证书和性能检测报告，材料的品种、规格、性能等应符合现行国家产品标准和设计要求。

（5）当下一道工序或相邻工程施工时，对屋面已完成的部分是否采取保护措施。

（6）伸出屋面的管道、设备或预埋件等，应在防水层施工前安设完毕，屋面防水层完工后，不得在其上凿孔打洞或重物冲击。

（7）屋面工程完工后，应按规范有关规定对细部构造、接缝、保护层等进行外观检验，并应进行淋水或蓄水实验检验。

（8）屋面的保温层和防水层严禁在雨天、雪天和五级风及其以上时施工，施工环境气温宜符合要求。

（9）屋面防水基层处理检查：必须将基层表面的凸出物、砂浆疙瘩等异物清扫干净。铺贴防水层的基层表面必须干净、平整、坚实、干燥，并不得有空鼓和起砂开裂等现象。所有穿过墙面的管道，穿墙螺栓应在防水层施工前作好基层处理，并用防水涂料在基层满涂。

（10）检查屋面与女儿墙转角处基层、防水层处理是否到位，附加层施工是否按设计规要求施工。

（11）蓄水试验检查：蓄水 24h 蓄水深度为全部覆盖屋面为限，以不渗不漏为合格。

（12）水泥砂浆找平层的铺设：满足设计的强度、厚度要求，同时表面要求平整、无裂缝。

（13）检查砂浆保护层的铺设，满足设计的强度、厚度要求，同时表面要求平整、无裂缝。

（14）检查分隔缝划分是否按照国家或行业标准执行，分割缝交叉处排气孔的留设是否正确。

（15）屋面刚性防水层以及凸出屋面结构交接处都应断开，留出 20mm 的间隙，并用密封材料嵌填密封，屋面与女儿墙转角处应做圆弧状或钝角。

（16）密封材料嵌缝必须密实、连续、饱满，粘结牢固，无气泡、开裂、鼓泡、下塌或脱落等缺陷，厚度符合设计要求。

7. 厨卫、阳台防水施工检查

监理工程师应对厨卫防水材料、施工工艺、防水施工质量、成品保护措施、防水实际检验效果进行重点督查。

（1）防水材料检查验收

1）检查防水材料包装标志（标志内容应包括产品名称、厂名、地址、批号、保质期和执行标准、材质性能）是否满足设计要求。

2）项目监理部专业监理工程师应按规范标准现场抽检、封样、送检，经具备资质检测单位检测合格后方可使用。

（2）防水施工工艺审查：现场检查防水施工是否按照工艺流程实施，施工质量能否满足设计要求。

（3）监理人员应现场检查防水施工单位有无进行防水施工安全、技术交底。

（4）防水施工前检查装配式墙板与楼板拼缝封堵是否到位，填缝砂浆是否有开裂松动。

（5）检查基层面是否清理干净干燥，防水涂刷是否均匀涂刷，厚度是否满足设计要求。

（6）厨卫防水施工完成后防护措施是否到位。

（7）蓄水检验时监理人员应逐个检验并形成检验合格记录表。

3.4.2.10 外墙装饰施工监理工作

1. 外墙涂料施工检查

（1）项目监理机构应对原材料出厂合格证、出厂日期、送检报告等相关资料是否齐全，品牌是否符合设计要求等进行检查。

（2）基面处理检查

1）基面处理应达到《建筑装饰工程施工及验收规范》的要求。

2）对外墙进行涂料涂刷时，若被油污或浮灰污染需清除，再满涂界面剂。

3）基层检查验收时，抹灰后质量的允许偏差及检验方法见表3-21。

抹灰后质量允许偏差及检验方法 **表3-21**

平整内容	普通级（mm）	高级（mm）	检验方法
立面垂直度	4	3	用2m垂直检测尺检查
表面平整度	4	3	用2m垂直检测尺检查
阴阳角方正	4	3	用直角检测尺检查
分格条（缝）直线度	4	3	拉5m线，不足5m拉通线，用钢直尺检查
墙裙、勒脚上口直线度	4	3	拉5m线，不足5m拉通线，用钢直尺检查

（3）对现场施工的检查

1）外墙涂料施工应在基层墙体工程验收合格后进行。

2）外墙涂料施工前，外墙门窗框必须安装完毕，做好成品保护并验收合格。

3）施工现场应做到通电、通水并保持工作环境的清洁。

4）环境温度和基层墙体表面温度均不低于0℃；风力不大于5级，最适宜施工温度为15～35℃。

5）夏季高温时，不宜在强光直射下施工，雨天不得施工。

6）墙体预留孔洞及其他施工的杂物等进行处理。

（4）施工工艺审查

1）施工方法：滚涂、刷涂、喷涂均可。

2）施工时所使用工具要保持清洁干燥。

3）涂料使用前，用电动手提搅拌器适度搅拌至稳定均匀状态，不得过度搅拌。

4）利用墙面拐角、变形缝、分格缝、水落管背后或独立装饰线进行分区，一个分区内的墙面或一个独立墙体一次施涂完毕。

5）同一墙应用同一批号的涂料，每遍涂料不宜施涂过厚，涂层应均匀，颜色一致。

6）根据墙面湿度、空气温度、主料稠度以及风速，加水量可适度调整。

7）应使用相同涂刷工具，涂抹的纹路要左右前后相同，颜色一致，施工涂层的墙面应有防雨、防污染措施。

8）一种颜色涂料用一套涂刷工具，界面变动要横平竖直，不要将两种主料穿插在一起。

2. 外墙真石漆施工检查

（1）项目监理机构应对原材料出厂合格证、出厂日期、送检报告等相关资料是否齐全，品牌是否符合设计要求等进行检查。

（2）施工条件督查

基层处理前，墙体需要进行一定时间的养护，一般新水泥墙面冬天的养护时间为28d，夏天的养护时间为14d。养护到基层的pH酸碱度值小于10，含水率小于10%后，再进行基面处理。

（3）对现场施工的检查

1）先小面积施工，核对样板颜色与效果后再进行大面积施工。

2）施工前应根据作业面做好用料计划，减少供货批次，同一面墙必须使用同一批次的产品，以保证颜色的一致性。

3）施工过程中发现异常，必须及时反馈并停止此道工艺的施工。

4）施工作业段的衔接应保持在分格缝或阴阳角处，对已施工成品部位进行遮挡，避免交叉污染。

5）空气温度大于70%时不准施工，预计24h内有雨也不得施工。

6）施工过程应做好成品保护和细部处理。

7）基层应清洁，表面无灰尘、无浮浆、无油迹、无锈斑、无霉点、无盐类析出物、无青苔等杂物。

8）门窗按设计要求安装完毕，做好成品保护并通过验收。

9）完成雨水管卡、设备洞口、管道的安装，并将洞口四周用水泥砂浆抹平，所有的墙面需晾干。

10）吊篮施工，应符合国家安全规范要求方可施工。

（4）操作工艺审查

墙面基层处理—刮（抹）涂外墙防水腻子1～2遍—滚涂质感专用底漆1遍— 弹线、分格、贴胶带—喷涂天然真石漆1～2遍—喷涂或滚涂罩面清漆1～2遍。

（5）基面处理

基层处理前应彻底清除疏松、起皮、空鼓、粉化的基层，然后，去除灰尘、油污等污染物。

抹灰后质量的允许偏差及检验方法，按照表3-21进行检查。

（6）弹线、分格、贴胶带

待封闭底漆干燥后，分按设计要求进行弹线、分格、并粘贴胶带纸，不喷涂而进行遮护隔离。

（7）喷涂真石漆

气压在 6～8kg/cm³，喷涂厚度 2～3mm，用量 3.5～4.5kg/m²，喷完随即撕掉分格胶带纸。

（8）喷涂罩面清漆检查

1）待真石漆干燥后（一般晴天至少保持 2d），方可喷涂罩面清漆，施工时注意喷涂均匀。

2）罩面漆施工时不兑水，喷涂应均匀且全面，一般要喷涂 1～2 遍，不能漏涂。

3.4.3 常见质量通病监理工作要点

项目监理应对常见施工质量通病进行重点监控，建立常见施工质量通病控制台账。项目监理部应派专业监理工程师重点监管和施工旁站监督。

1. 主体 PC 构件开裂

（1）项目专业监理工程师在 PC 构件安装前，对构件进行检查(同 PC 构件进场质量检查)。

（2）施工现场监理过程中，对开裂 PC 构件进行检查认定处理。构件表面裂缝处理见表 3-22。

构件表面裂缝处理表 **表 3-22**

项目		处理方案	检查依据与方法
裂缝	影响结构性能且不可恢复的裂缝	废弃	目测
	影响钢筋、连接件、预埋件锚固的裂缝，且裂缝宽度大于 0.3mm，长度超过 300mm	废弃	目测
	上述 1.2 以外的，裂缝宽度超过 0.2mm	修补 2	目测、卡尺测量
	上述 1.2 以外的，宽度不足 0.2mm 且在外表面时	修补 3	目测、卡尺测量

注：1. 修补 1——用不低于混凝土设计强度的专用修补浆料修补。

2. 修补 2——用环氧树脂浆料修补。

3. 修补 3——用专用防水浆料修补。

4. 修补浆料的性能按《混凝土裂缝修补灌浆材料技术条件》GJ/T 333 执行。

2. PC 构件室内安装拼缝处开裂

（1）项目监理部应对预制 PC 构件拼缝处理工艺进行审核，并要求施工单位进行样板施工检查。

（2）拼缝处理过程中，对拼缝封堵材料和填缝质量进行检查。检查拼缝封堵材料是否满足封堵性能要求，拼缝封堵是否密实、饱满。

3. 安装后 PC 构件偏位

项目监理部应安排监理员或专业监理工程师，在 PC 构件安装过程中实施旁站监理。

（1）构件安装后应进行逐一检查或在安装过程中实施旁站监理。

（2）构件安装后检查 PC 构件加固措施是否到位，斜支撑安装位置、布置数量、固定是否牢固；限位件和连接件安装位置、数量，固定是否牢固。

（3）督察分包单位在后续钢筋、模板工序施工完成后进行二次校检。

4. 预制构件拼缝处混凝土浇筑漏浆

预制构件拼缝处，属于构件安装隐蔽工程。因此在PC构件安装后拼缝处理应作为施工隐蔽验收，施工单位应报项目监理部进行隐蔽验收。

（1）项目监理工程师应对拼缝处是否采取封堵措施进行检查，封堵措施是否合理，能否满足混凝土浇筑时的膨胀压力。

（2）检查构件拼缝处，连接件是否按照工艺设计图纸安装，安装后加固措施是否到位，拼缝连接件有无防止在混凝土浇筑时松动的措施。

（3）混凝土浇筑时有无可靠的质量保证措施，在拼缝位置振捣方式、振动棒的型号是否合适。

5. 墙柱混凝土浇筑时PC构件胀模偏位

（1）审核施工单位墙柱模板加固方案是否合理，有无可靠施工质量保证措施。

（2）墙柱模板安装前检查PC构件加固措施是否到位，如外挂板水平拼缝检查根部L形连接件安装位置及数量、连接件固定是否牢固等；竖向拼缝检查拼缝封堵、连接件安装。

（3）加工制作的成品模板是否能满足质量要求，对拉螺杆位置、数量设置是否合理，模板对拉螺杆单点设计受力值是否合理等。

3.4.4 项目安全生产管理监理工作要点

3.4.4.1 安全生产管理监理工作内容

项目监理部应根据法律法规、工程建设强制性标准，履行建设工程安全生产管理法定的监理职责。加强施工现场巡视、检查力度，发现问题及时处理防止和避免安全事故发生。

1. 监理的审查内容

（1）项目监理部应根据法律法规、工程建设强制性标准，履行建设工程安全生产，并应将安全生产管理的监理工作内容、方法和措施纳入监理规划及监理实施细则。

（2）依据施工合同及相关规定、建设工程监理合同，总监理工程师应安排专业监理工程师，负责安全生产管理的监理工作，落实管理职责。

（3）项目监理部可根据工程特点、施工合同、工程设计文件及经过批准的施工组织设计进行监理。

（4）项目监理部应审查施工单位现场安全生产管理规章制度建立实施情况，主要包括安全生产管理责任制度、安全生产检查制度、安全生产教育培训制度、安全技术交底制度、施工机械设备管理制度、消防安全管理制度、应急响应制度和事故报告制度等。

（5）项目监理部应检查施工单位安全生产许可证，施工单位和分包单位的安全生产管理协议签订情况。核查施工机械和设施的安全许可证验收手续。检查施工单位项目经理、专职安全生产管理人员和特种作业人员的资格，以及施工单位现场作业人员的安全教育培训和安全技术交底记录。

（6）项目监理部应对超过一定规模的危险性较大的分部分项工程安全专项施工方案进

行审查，检查施工单位组织专家进行论证、审查的情况，以及是否附具安全验算结果。

(7) 审核施工单位安全管理保障体系，对危险性较大的分部分项应经过专家论证后进行施工。

(8) 审核各项方案安全管理措施是否到位。

(9) 审核施工方案时，对建筑施工中凡涉及临边与洞口作业、攀登与悬空作业、操作平台、交叉作业及安全网搭设的，应在施工组织设计中或施工方案中制定高处作业安全技术措施。

(10) 现场巡视检查时，应对高处作业人员是否进行安全技术交底并记录，初次作业人员是否进行安全技术培训进行检查。

(11) 现场巡视检查时，应检查高处作业的安全标志、工具、仪表、电气设施和设备是否到位。

(12) 对需要临时拆除或变动的安全防护设施，应检查采取的可靠措施是否到位，作业后是否恢复到位。

(13) 安全技术措施应符合工程建设强制性标准。

(14) 项目监理部应编制危险性较大的分部分项工程监理实施细则，明确监理工作要点、工作流程、方法及措施。

(15) 项目监理部应巡视检查危险性较大的分部分项工程专项施工方案实施情况。发现未按专项施工方案实施时，应签发监理通知单，要求施工单位按专项施工方案实施。

(16) 项目监理部应检查施工单位安全防护、文明施工和环境保护措施的落实情况，对已落实措施应及时签认所发生的费用。检查施工单位安全警示标志设置是否符合有关标准和要求。

(17) 项目监理部在实施监理过程中，发现工程存在安全事故隐患时，应签发监理通知单，要求施工单位整改；情况严重时，应签发工程暂停令，并应及时报告建设单位。施工单位拒不整改或不停止施工的，项目监理机构应及时向有关主管部门报送监理报告。

2. 专项方案审查

(1) 方案报审程序及相关规定（图 3-32）。

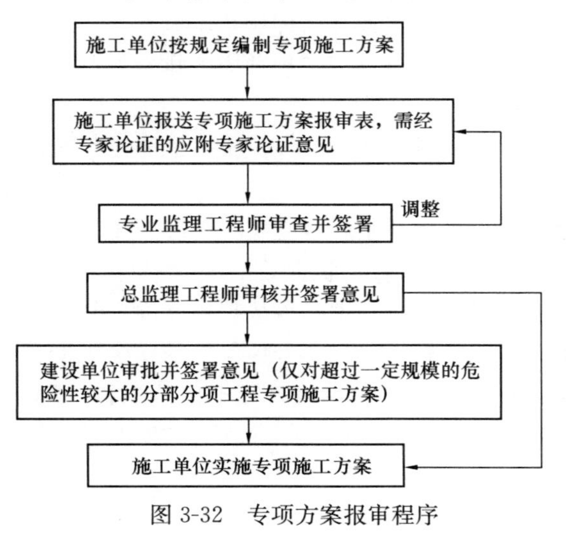

图 3-32　专项方案报审程序

1) 施工单位报审前是否有施工单位技术部门组织本单位技术、安全、质量等部门的专业技术人员进行审核。经审核合格的，由施工单位技术负责人签字。

2) 施工单位是否在危险性较大的分部分项工程施工前编制专项施工方案，并向项目监理部报送编制的专项施工方案；对超过一定规模的危险性较大的分部分项工程，专项施工方案应由施工单位组织专家进行论证，并将论证报告作为专项施工方案的附件报送项目监理机构。

3) 项目监理部应对专项施工方案进行审查并签署意见，需要修改的应由总监理工程师签署意见。

4）对超过一定规模的危险性较大的分部分项工程，专项施工方案应由建设单位审批签署意见。

（2）常见专项方案审查要点

1）应根据工程实际情况审查防护工程设计方案是否合理、计算书是否完整、计算方法是否正确、防护架搭设拆除方案是否合理以及具有可操作性。

2）模板工程与支撑体系，计算书的核准取值是否符合工程实际情况；模板设计构造材料、尺寸、连接加固件是否完整合理；模板与支撑体系是否有安全防护措施。

3）起重吊装工程安全技术措施内容否完整，是否具有可操作性；起重吊装人员配备、作业资格证是否符合要求；起重吊装设备附着、高度、起重量是否经过计算核实；吊装前班前检查、交底、使用制度是否完善等。

4）临时用电，电源的进线、线路走向是否合理，是否符合规范要求；用电负荷计算是否正确，施工总计划用电量是否满足项目现场实际用电需求；方案是否符合一机一箱一闸一漏，是否满足分级分段漏电保护；方案中是否制定临时用电定期检查、复查、验收等制度；防雷装置、电气防火和安全用电措施是否完整。

5）危险性较大分部分项工程有，外挂架防护、20m 及以上的悬挑脚手架、采用非常规起重设备、方法，且单件起吊重量在 100kN 及以上的起重吊装过程等应有相应的专家论证文件。

6）安全技术措施应符合工程建设强制性标准。项目监理部应要求施工单位按已批准的专项施工方案组织施工，专项施工方案需要调整时，施工单位应按程序重新提交项目监理机构审查。

3. 施工现场安全管理人员审查

（1）审查施工单位项目安全管理机制，从公司层面至项目部专业负责安全管理人员是否履职到位。

（2）总承包单位拟配备的专职安全生产管理人员是否满足规范人员配备要求。

（3）劳务分包单位专职安全管理人员是否按照规范要求配备。施工人员在 50 人以下应配备 1 名专职安全员，50 至 200 人应配备 2 名专职安全员，200 及以上的应当配备 3 名及以上的专职安全管理人员；并根据所承担的分部分项工程的危险程度，配备不少于工程实际施工人员总人数的 0.5%。

4. 安全防护与文明施工措施审查

项目监理机构应当对施工单位落实安全防护、文明施工措施情况进行现场监理。建设工程安全防护、文明施工措施清单见表 3-23。

建设工程安全防护、文明施工措施清单 **表 3-23**

类别	项目名称	具体要求
文明施工与环境保护	安全警示标志牌	在易发伤亡事故（或危险）处设置明显的、符合国家标准要求的安全警示标准牌
	现场围挡	（1）现场采用封闭围挡，高度不小于 1.8m； （2）围挡材料可采用彩色、定型钢板，砖、混凝土砌块等

续表

<table>
<tr><th>类别</th><th colspan="2">项目名称</th><th>具体要求</th></tr>
<tr><td rowspan="6">文明施工与环境保护</td><td colspan="2">五牌一图</td><td>在进门处悬挂工程概况、管理人员名单及监督电话牌、安全生产、文明施工、消防保卫牌、施工现场总平面图</td></tr>
<tr><td colspan="2">企业标志</td><td>现场出入的大门应设有本企业标识或企业标识</td></tr>
<tr><td colspan="2">场容场貌</td><td>(1) 道路通畅;
(2) 排水沟、排水设施通畅;
(3) 工地地面硬化处理;
(4) 绿化</td></tr>
<tr><td colspan="2">材料堆放</td><td>(1) 材料、构件、料具等堆放时，悬挂有名称、品种、规格等标牌;
(2) 水泥和其他易飞扬细颗粒建筑材料应密闭存放或采取覆盖等措施;
(3) 易燃、易爆和有毒有害物品分类存放</td></tr>
<tr><td colspan="2">现场防火</td><td>消防器材配置合理，符合消防要求</td></tr>
<tr><td colspan="2">垃圾清运</td><td>施工现场应设置密闭式垃圾站，施工垃圾、生活垃圾应分类存放。施工垃圾必须采用相应容器或管道运输</td></tr>
<tr><td rowspan="4">临时设施</td><td colspan="2">现场办公、生活设施</td><td>(1) 施工现场办公、生活区与作业区分开设置，保持安全距离;
(2) 工地办公室、现场宿舍、食堂、厕所、饮水、休息场所符合卫生和安全要求</td></tr>
<tr><td rowspan="3">施工现场临时用点</td><td>配电线路</td><td>(1) 按照 TN-S 系统要求配备五芯电缆、四芯电缆和三芯电缆;
(2) 按要求架设临时用电线路的电杆、横担、瓷夹、瓷瓶等，或电缆埋地的地沟;
(3) 对靠近施工现场的外电线路，设置木质、塑料等绝缘体的防护设施</td></tr>
<tr><td>配电箱、开关箱</td><td>(1) 按三级配电要求，配备总配电箱、分配电箱、开关箱三类标准电箱。开关箱应符合一机、一箱、一闸、一漏。三类电箱中的各类电器应是合格品;
(2) 按两级保护的要求，选取符合容量要求、质量合格的总配电箱和开关箱中的漏电保护器</td></tr>
<tr><td>接地保护装置</td><td>施工现场保护零线的重复接地不少于三处</td></tr>
<tr><td rowspan="7">安全施工</td><td rowspan="7">临洞口交叉高处作业防护边</td><td>楼板、屋面、阳台等临边防护</td><td>用密目式安全立网全封闭，作业层另加两边设置防护栏杆和 18cm 高的踢脚板</td></tr>
<tr><td>通道口防护</td><td>设置防护棚，防护棚应为不小于 5cm 厚的木板或两道相距 50cm 的竹笆。两侧应沿栏杆架用密目式安全网封闭</td></tr>
<tr><td>预留洞口防护</td><td>用木板全封闭：短边超过 1.5m 长的洞口，除封闭外四周还应设有防护栏杆</td></tr>
<tr><td>电梯井口防护</td><td>设置定型化、工具化、标准化的防护门；在电梯井内每隔两层（不大于 10m）设置一道安全水平网</td></tr>
<tr><td>楼梯边防护</td><td>设置 1.2m 高的定型化、工具化、标准化的防护栏杆，18cm 高的踢脚板</td></tr>
<tr><td>垂直方向交叉作业防护</td><td>设置防护隔离棚或其他设施</td></tr>
<tr><td>高空作业防护</td><td>有悬挂安全带的悬索或其他设施，有操作平台，有上下的梯子或其他形式的通道</td></tr>
<tr><td>其他</td><td colspan="3"></td></tr>
</table>

5. 安全隐患及事故处理的程序（图 3-33）

建设工程安全事故隐患是指未被事先识别或未采取必要的防护措施，可能导致安全事故的危险源或不利因素。安全生产管理监理工作重点就是要加强安全管理风险分析，督促制定预防措施和隐患排除措施。

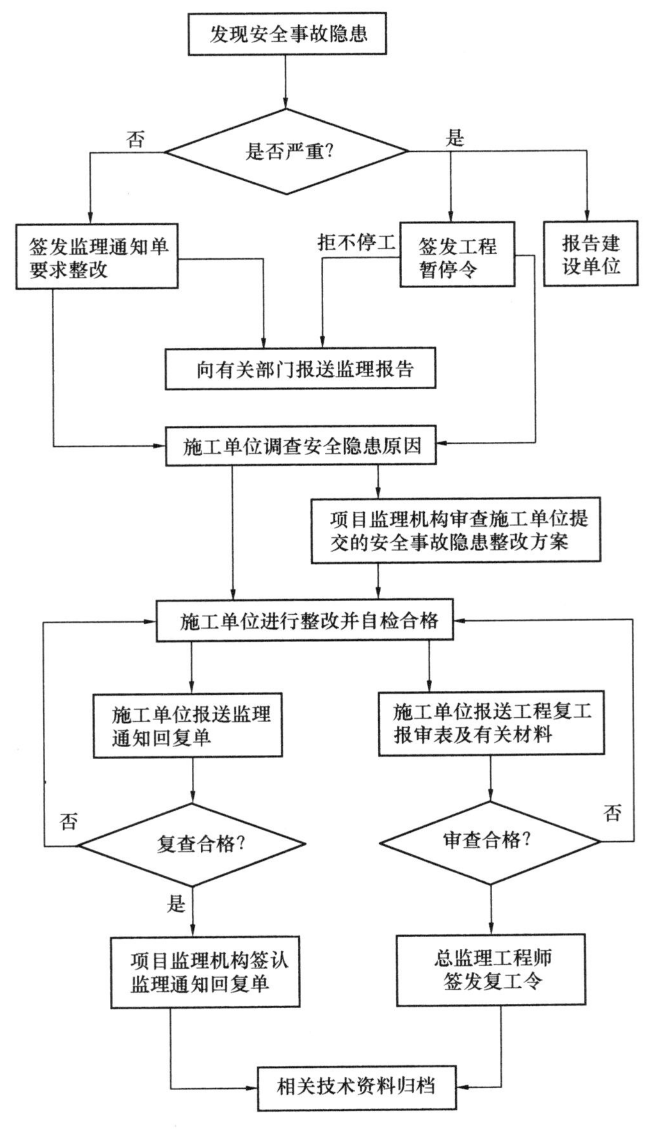

图 3-33　安全事故隐患处理程序图

6. 安全事故处理的程序（图 3-34）

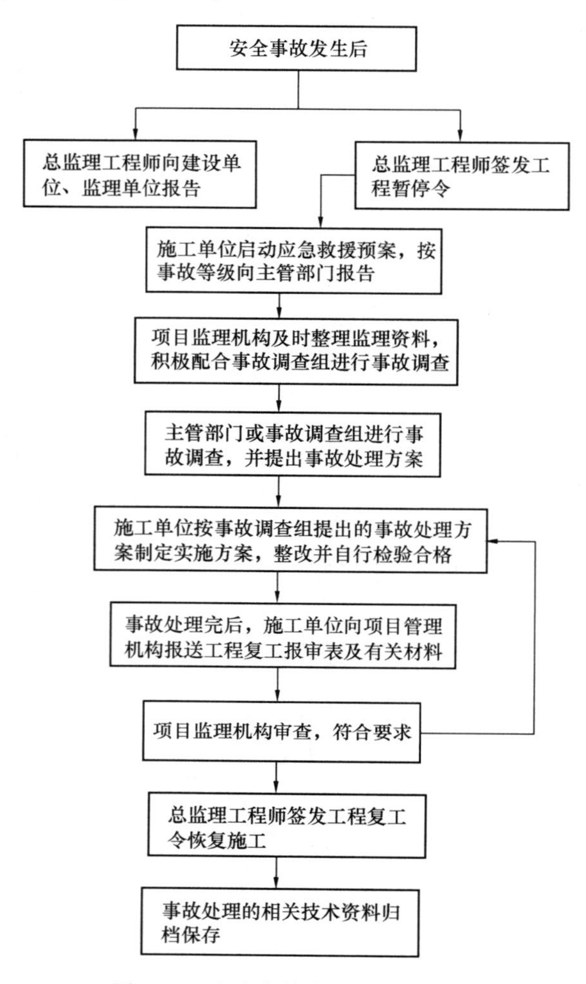

图 3-34 安全事故隐患处理程序图

3.4.4.2 现场施工安全检查监理工作

项目监理部应组织施工单位对项目施工质量安全监督检查，装配式整体混凝土结构施工质量安全监督抽查抽测规定见表 3-24。

装配整体式混凝土结构施工质量安全监督抽查抽测规定（安全） **表 3-24**

工程名称		建设（代建）单位	
施工单位		监理单位	
抽查时间		形象进度	
抽查部位			
抽查内容	1. 安全行为 （1）专项施工方案；		

续表

抽查部位	(2) 专家论证; (3) 高处作业特殊工种证书。 2. 安全实体 (1) 构件堆场; (2) 钢丝绳接头及吊具; (3) 起吊平衡; (4) 吊装警戒区; (5) 垂直吊运; (6) 牵引绳; (7) 安全带; (8) 外围护体系; (9) 工具式外防护架提升、下降; (10) 工具式外防护架连接; (11) 建筑起重机械附墙装置
抽查方式	(1) 对照设计文件、专项施工方案和规范标准等检查责任主体行为; (2) 现场检查
抽查记录	1 施工安全专项方案 1.1 有施工安全专项方案，且签章符合规定 1.2 无施工安全专项方案，或签章不符合规定 1.2.1 无施工安全专项施工方案 1.2.2 施工安全专项方案施工单位技术负责人、监理单位总监理工程师未签章 1.2.3 其他情况 2 专家论证 2.1 对于采用新材料、新设备、新工艺的装配式建筑专用的施工操作平台、高处临边作业的防护措施等，其专项方案按规定组织专家论证，并按专家组意见修改完善 2.2 对于采用新材料、新设备、新工艺的装配式建筑专用的施工操作平台、高处临边作业的防护措施等，其专项方案未按规定组织专家论证，或未按专家组意见修改完善 3 高处作业特殊工种证书 3.1 现场从事预制构件吊装的操作工人有建筑施工高处作业的特殊工种证书 3.2 现场从事预制构件吊装的操作工人无建筑施工高处作业的特殊工种证书 4 构件堆放 4.1 构件堆放时采取相应固定措施，防止构件侧移或倾倒 4.2 构件堆放时未采取相应固定措施，防止构件侧移或倾倒 5 钢丝绳接头及吊具 5.1 未使用自编的钢丝绳接头及违规的吊具 5.2 使用自编的钢丝绳接头及违规的吊具 5.2.1 使用自编的钢丝绳接头 5.2.2 使用违规的吊具 5.2.3 其他情况 6 起吊平衡 6.1 预制构件达到平衡状态后，继续提升 6.2 预制构件未达到平衡状态，继续提升 7 吊装警戒区 7.1 吊装作业时，建筑物周围警戒区设置符合要求 7.2 吊装作业时，建筑物周围警戒区设置不符合要求 7.2.1 吊装作业时，建筑物周围未设置警戒区 7.2.2 非吊装作业人员进入警戒区 7.2.3 起重臂和重物下方有人停留、工作或通过 7.2.4 其他情况 8 垂直吊运 8.1 吊装时采用垂直吊运 8.2 吊装时未采用垂直吊运 9 牵引绳 9.1 吊装时预制构件加挂牵引绳 9.2 吊装时预制构件未加挂牵引绳

续表

<table>
<tr><td>抽查记录</td><td>10 临时支撑
10.1 预制构件就位后，采取斜支撑等相应固定措施，防止构件倾倒
10.2 预制构件就位后，未采取斜支撑等相应固定措施，防止构件倾倒
11 安全带
11.1 作业人员在现场高空作业时配备安全带
11.2 作业人员在现场高空作业时未配备安全带
12 外围护体系
12.1 外围护体系采用工具式外防护架
12.2 外围护体系未采用工具式外防护架
13 工具式外防护架提升、下降
13.1 外防护架提升、下降时，架体安装完毕前，相关人员符合要求
13.2 外防护架提升、下降时，架体安装完毕前，相关人员不符合要求
13.2.1 外防护架提升、下降时，操作人员未站在建筑物内或相邻的架体上
13.2.2 架体安装完毕前，架体上人
13.2.3 其他情况
14 工具式外防护架连接
14.1 工具式外防护架连接符合要求
14.2 工具式外防护架连接不符合要求
14.2.1 预制构件上未预留悬挑梁固定点及孔洞
14.2.2 悬挑梁固定不牢靠
14.2.3 悬挑梁未经过原设计单位复核验算
14.2.4 门窗洞口处的桁架下支座悬空安装
14.2.5 其他情况
15 建筑起重机械附墙装置
15.1 固定在装配式混凝土结构上的附墙装置、卸料平台经原设计单位复核验算
15.2 固定在装配式混凝土结构上的附墙装置、卸料平台未经原设计单位复核验算</td></tr>
<tr><td>监理单位
专业监理工程师</td><td>总包单位
项目技术负责人</td></tr>
</table>

1. 现场施工机械安全检查

（1）塔式起重机安全检查

1）塔式起重机的基础必须符合安全使用的技术条件规定。

2）起重司机应持有与其所操纵的塔式起重机的起重力矩相对应的操作证；指挥应持证上岗，并正确使用旗语或对讲机。

3）起吊作业中司机和指挥必须遵守“十不吊”的规定：

① 指挥信号不明或无指挥不吊；

② 超负荷和斜吊不吊；

③ 细长物件单点或捆扎不牢不吊；

④ 吊物上站人不吊；

⑤ 吊物边缘锋利，无防护措施不吊；

⑥ 埋在地下的物体不吊；

⑦ 安全装置失灵不吊；

⑧ 光线阴暗看不清吊物不吊；

⑨ 6 级以上强风区无防护措施不吊；

⑩ 散物装得太满或捆扎不牢不吊。

4）塔式起重机运行时，必须严格按照操作规程要求规定执行。最基本要求：起吊前，先鸣号，吊物禁止从人的头上越过。起吊时吊索应保持垂直、起降平稳，操作尽量避免急刹车或冲击。

5）塔式起重机停用时，吊物必须落地不准悬在空中。

6）塔式起重机在使用中不得利用安全限制器停车；吊重物时不得调整起升、变幅的制动器。

7）塔式起重机的装拆必须是有资质的单位方能作业。拆装前，应编制专项的拆装方案并经企业技术主管负责人的审批同意后方能进行。同时要做好对装拆人员的交底和安全教育。

8）自升式塔式起重机使用中的顶升加节工作，要有专人负责。塔式起重机安装完后的验收和检测工作是必不可少的，顶升加节后的验收工作也应该严格执行。对塔式起重机的垂直度、爬升套架、附着装置等都必须进行检查验收。

9）两台或以上塔式起重机作业时，应有防碰撞措施。

10）定期对塔式起重机的各安全装置进行维修保养，确保其在运行过程中正常发挥作用。

（2）施工升降机安全检查

1）施工企业必须建立健全施工升降机的各类管理制度，落实专职机构和专职管理人员，明确各级安全使用和管理责任制。

2）驾驶升降机的司机应为经有关行政主管部门培训合格的专职人员，严禁无证操作。

3）司机应做好日常检查工作，即在电梯每班首次运行时，应分别作空载和满载试运行，将梯笼升高至离地面 0.5m 处停车，检查制动器的灵敏性和可靠性，确认正常后方可投入使用。

4）建立和执行定期检查和维修保养制度，按期对升降机进行全面检查，对查出的隐患按“三定”原则落实整改。整改后须经有关人员复查确认符合安全要求后，方能使用。

5）梯笼乘人、载物时，应尽量使荷载均匀分布，严禁超载使用。

6）升降机运行至最上层和最下层时，严禁以碰撞上、下限位开关来实现停车。

7）司机因故离开吊笼及下班时，应将吊笼降至地面，切断总电源并锁上电箱门，以防止其他无证人员擅自开动吊笼。

8）风力达 6 级以上，应停止使用升降机，并将吊笼降至地面。

9）各停靠层的运料通道两侧必须有良好的防护。楼层门应处于常闭状态，其高度应符合规范要求，任何人不得擅自打开或将头伸出门外，当楼层门未关闭时，司机不得开动电梯。

10）确保通信装置的完好，司机应当在确认信号后方能开动升降机。作业中无论任何人在任何楼层发出紧急停车信号，司机都应当立即执行。

11）升降机应按规定单独安装接地保护和避雷装置。

12）严禁在升降机运行状态下进行维修保养工作。若需维修，必须切断电源并在醒目处挂上“有人检修，禁止合闸”的标志牌，并有专人监护。

（3）电焊工、焊机安全检查

1）焊机

① 焊机应设在干燥的地方，平稳牢固，要有可靠的接地装置，导线绝缘良好。

② 焊接前应根据钢筋截面调整电压，发现焊头漏电，应立即更换。

③ 操作时应戴防护眼镜和手套，并站在橡胶板或木板上，工作棚要用防火材料搭设，

同时棚内严禁堆放易燃易爆物品并备有灭火器材。

④ 对焊机断路器的接触点，电极要定期检查修理，冷却水管保持畅通，不得漏水和超过规定温度。

⑤ 检修或作业间断时，应切断电源。

2）电焊工

① 严格按照“一机、一闸、一漏、一箱”的原则对电焊机设置单独开关，并将焊机壳做好接零保护或接地保护。

② 焊接与把线必须绝缘良好，连接牢固，更换焊条应戴手套。在潮湿地点工作，应站在绝缘胶板或木板上。

③ 严禁在带压力的容器或管道上施焊，焊接带电的设备必须先切断电源；焊接过易燃、易爆、有毒物品的容器或管件，必须清理干净，并将所有孔口打开；在密闭金属容器内施焊时，容器必须可靠接地，通风良好，并应有人监护。严禁向容器内通入氧气；焊接预热工件时，应有石棉布或挡板等隔热措施。

④ 把线、地线禁止与钢丝绳接触，更不得用钢丝绳或机电设备代替零线。所有地线接头，必须连接牢固。

⑤ 更换场地移动把线时，应切断电源，并不得手持把线爬梯登高。

⑥ 必须在易燃易爆气体或扩散区施焊时，应经有关部门检试许可后，方可施焊。

⑦ 工作结束，应切断焊机电源，并检查操作地点，确认无起火危险后，方可离开。

（4）钢筋弯曲机安全技术检查

1）工作台和弯曲机应保持水平，作业前应准备好各种芯轴及工具。

2）应按钢筋加工的直径和弯曲半径要求，装好相应规格的芯轴和成型轴、挡铁轴。芯轴直径应为钢筋直径的 2.5 倍。挡铁轴应有轴套。

3）挡铁轴的直径和强度不得小于被弯钢筋的直径和强度。不直的钢筋，不得在弯曲机上弯曲。

4）应检查并确认芯轴、挡铁轴、转盘等无裂纹和损伤，防护罩紧固可靠，空载运转正常后，方可作业。

5）作业时，应将钢筋需弯曲一端插入到转盘固定的间隙内，另一端紧靠机身固定捎，并用手压紧，并检查机身固定捎并确认安放在挡住钢筋的一侧，方可开动。

6）作业中严禁更换轴芯、捎子和变换角度以及调速，也不得清扫和加油。

7）对超过机械铭牌规定直径的钢筋严禁弯曲。在弯曲未经冷拉或带有锈皮的钢筋时，应戴有防护眼镜。

8）弯曲高强度或低合金钢筋时，应按机械铭牌规定换算最大允许直径并应调换相应的芯轴。

9）在弯曲钢筋的作业半径内和机身不设固定捎的一侧严禁站人。弯曲好的半成品，应堆放整齐，弯钩不得朝上。

10）转盘换向时，应待停稳后进行。

11）作业后，应及时清洗转盘及插入孔内的铁锈、杂物等。

（5）起重机工安全检查

1）操作、指挥人员必须持有有效证件上岗。

2）起重指挥在指挥时应站在能够照顾到全面工作的地点，所发信号应事先统一，做到准确、洪亮和清楚。

3）塔式起重机专用的临时配电箱，应设在塔式起重机附近，电源开关应合乎规定要求，行走式塔式起重机的电缆卷筒，必须运转灵活，安全可靠，不得拖缆。

4）操作前应检查行走（行走式塔式起重机）、变幅、吊钩高度等限位器和力矩限制器等安全装置以及吊钩保险装置是否完备，确认其正常后方可上机操作。

5）高度限位器仅作危险状况时的高度保护作用，而不能作为自动开关使用。

6）龙门架与井字架的停隔装置在应处于工作状态，严禁随意拆除。

7）吊篮仅作载货使用，严禁载人或人货混装。

8）应经常检查各安全装置，确保其灵敏可靠，在安全装置失灵的情况下，严禁使用设备。

9）设备安装后，必须经有关部门验收合格，并取得准用证后方可正常使用。

2. 现场各工种安全检查

（1）木模工安全检查

1）采用架支模时严格检查，发现严重变形、螺栓松动等及时修复。

2）支模要按工序进行，模板没有固定前，不得进行下一道工序，禁止利用拉杆、支撑攀登上下。

3）支设 4 块以上的立柱模板，四周必须顶牢，操作时要搭设工作台。

4）安装与拆除 5m 以上高度的模板时，要先搭设脚手架和防护栏杆。

5）人力抬运模板时，要互相配合协同工作，传递模板工具时要用运输工具或绳子系牢后传递，不得乱扔。

6）遇六级以上大风，暂停室外高空作业，雨、霜、雪后及时清理施工场地，防止滑倒及坠落。

7）不得随意拆除防护架。

8）在操作时，未经电工同意，不得乱接电源，做到安全使用各类电器。

9）外墙施工必须在有防护设施后进行，在操作时防止东西下坠伤人。

（2）泥工、混凝土工安全检查

1）作业人员要必须身体健康，头脑清醒，严禁带病、酒后作业。

2）作业人员进入施工场地，必须正确佩戴安全帽，不准穿拖鞋、赤膊作业。

3）在操作前必须检查操作环境是否符合安全要求，采用里脚手架必须检查是否稳固，采用外脚手架应设防护栏杆和挡脚板，经检查符合要求后方可施工。

4）脚手架上堆料量不得超过规定荷载，堆砖高度不得超过 3 皮侧砖，同一脚手架板上操作人员不得超过两人，不准在脚手架上玩笑、打闹，严禁在外脚手架上攀爬上下。

5）严禁站在墙顶上划线、刮缝、清扫墙面或检查大角垂直等。在同一垂直面内上下交叉作业时，必须设置安全隔板，操作人员必须戴好安全帽，砍砖时应面向墙向内砍，注意碎砖跳出伤人，外脚手架上不得堆砖，砖块不得往下掷，作业完毕后应将脚板上碎砖、砂浆清扫干净，防止坠物伤人。

6）严禁在超过胸部以上的墙体进行砌筑，以免将墙体碰撞倒塌或失手时造成安全事故。严禁用不稳固的工具或物体在脚手架板上垫高操作。

7）利用溜槽下砖和其他的材料到基坑内时，必须小心倾倒，防止砖块等掉落基坑。

下料时下面接料人员应站在安全区域等待，并招呼其他作业人员注意。

8）用手推车装运物料，应注意平稳，掌握重心，不得猛跑和撒把溜放。前后车距离在平地不少 2m，下坡不得少于 10m。

9）搬动电焊机、水泵等用电设备时应拉闸断电，严禁私自动用机械设备，如遇设备故障，应报告管理人员找专业人员修理，严禁私自拆修。

10）塔式起重机吊物时，物料应保持稳定，绑扎牢固，绳索要锁好，起吊时垂直下方严禁站人。

11）所有班组必须遵守项目部制定的规章制度。

（3）电工安全检查

1）电工应认真贯彻执行《施工现场临时用电安全技术规范》JGJ 46—2016，执行三级配电二级保护，一机一闸，五线制等。

2）所有绝缘检验工具应妥善保管，严禁他用，并应定期检查校验。

3）现场施工用高低压设备及线路，应按照安全用电施工组织设计或施工方案及有关电气安全技术规程安装和架设。

4）线路上严禁带负荷接电或断电，并严禁带电作业。

5）有人触电，立即切断电源进行急救，电气着火，应立即断电源，使用泡沫灭火器或干砂扑灭。

6）掌握安全用电基本知识，并熟知所有设备的性能。

7）使用设备前必须按规定穿戴和配备好相应的劳动防护用品，并检查电气装置和保护设施是否完好，严禁设备带“病”运转。

8）停用的设备必须拉闸断开电源，锁好开关箱。

9）负责保护用电设备的负荷线，保护零线和开关箱，发现问题及时报告解决。

10）搬迁或移动用电设备必须先由电工切断电源，并作妥善处理后进行。

11）电工应跟班作业，随叫随到，并巡视检查发现私自动电，私接乱拉，应追究责任，并向栋号长或项目经理反映情况。

3. 现场安全防护检查

（1）临边防护栏杆

1）临边防护栏杆的连接和固定必须采用扣件连接、丝扣连接、螺栓连接、焊接或其他可靠连接方式连接。

2）临边防护栏杆必须采取埋设、扣件连接、螺栓连接、焊接或其他有效固定方式固定。防护栏杆采用其他方式固定时，必须由单位工程技术负责人核算后使用。

3）防护栏杆整体构造应使防护栏杆任意一处均能经受任意方向大小为 1kN 的外力而不发生明显变形或断裂。当栏杆所处位置有发生人群拥挤、车辆冲击或物体撞击等可能时，应加大横杆截面，加密柱距。

4）防护栏杆由上下两道横杆及栏杆立柱组成，上杆离防护面高度不低于 1.2m，下杆离防护面高度不低于 0.6m，横杆长度大于 2m 时，必须加设栏杆柱。

5）坡度大于 1∶2 的屋面，防护栏杆上杆离防护面高度不低于 1.5m，并增设一道横杆，满挂安全立网。

6）下方有人员通行或交叉施工的场所的防护栏杆，必须满挂密目安全网封闭，或在栏杆下边设置严密牢固的高度不低于 180mm 的挡脚板。防护栏杆及防护用挡脚板应涂刷醒目的黄黑相间油漆。

7）安全网 1.5m×1.5m 以下的孔洞应使用坚实的盖板盖住，盖板四周有防止挪动、位移的措施，孔洞四周应设防护栏杆，中间上挂安全网，安全网应封闭严密。所有井口、烟道必须设 1.2m 高的金属防护栏杆及钢筋网盖板以免人员、物品坠落，楼梯踏步及休闲平台必须设置两道防护栏杆或立挂安全网。

8）高空作业时严禁往下或往上乱抛材料或工具、垃圾等物件，不懂机械、机电设备的人员严禁使用各项机电设备。

（2）外挂架材料及施工安装检查

1）外挂架作业平台施工前必须制定专项施工方案，并经项目监理部审核合格才能投入使用。项目技术负责人必须对外挂架搭设和操作人员进行安全技术交底。

2）项目现场监理人员应对外挂式作业平台构件质量进行复查，架子管采用 48mm×3.5mm 的钢管，钢管、扣件要有材质合格证书，严禁使用弯曲变形、锈蚀和有裂纹的扣件、钢管施工。

3）检查挂架螺栓是否采用厂家制作的配套螺栓，且须有检查证明，在使用过程中严禁任何人员以其他螺栓代替使用。

4）施工工艺审查

确定方案—前期准备工作（材料进场及检验、工厂制作加工和外挂板预埋悬挂螺栓孔套筒）—外挂式操作平台运至现场（悬挂螺栓孔套筒上安装挂钩座）—安装外挂式操作平台—检查验收—交付使用—使用过程中随施工楼层移动并检查维护—拆除。

5）安装方法检查

① 前期准备工作：前期准备工作包括加工厂组织原材料进场进行制作加工和 PC 构件生产厂在外挂板预埋悬挂螺栓孔。加工厂根据设计图纸进行加工，加工前应严格按要求检查材料质量，确保应用于外挂式操作平台的材料全部为合格产品。加工完成后应检查各连接件之间的焊接质量，焊缝应饱满，防止漏焊、过焊，并按规范要求对焊缝进行检测。操作平台挂钩座的预埋螺栓孔采用玄武岩筋套筒，孔径 16mm，长 140mm，应在 PC 外挂板生产时根据每榀操作平台的位置和间距按要求定位预埋好，埋设时应每层设置，设置在楼面下 300mm 位置（图 3-35）。

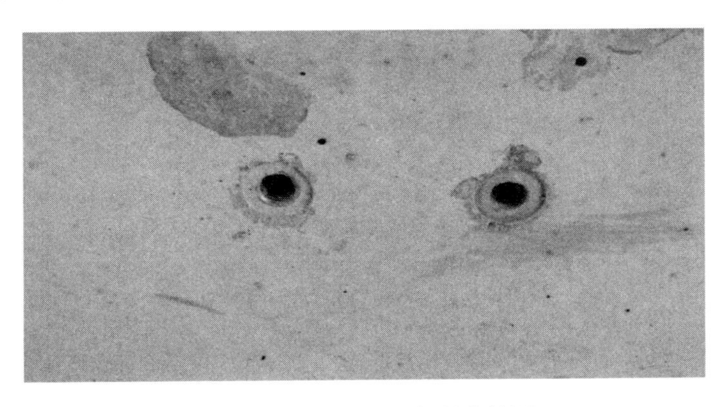

图 3-35　外挂板预埋螺栓套筒图

② 安装挂钩座：在外挂式操作平台吊装安装前，应先将每个挂钩座用 2 个 M16mm×120mm 螺栓拧紧在 PC 外挂板上的悬挂螺栓孔上，中间层的挂钩座和上层的挂钩座均应按要求安装好。挂钩座如图 3-36 所示。

图 3-36 挂钩座安装图

③ 外挂式操作平台安装：用塔式起重机将外挂式操作平台起吊，起吊点设在上层平台的中间位置，起吊时应确保操作平台在起吊过程中垂直平衡，起吊前应试吊，如不符合要求应及时调整。在靠近外挂板安装位置时，应减缓移动速度，将中层平台的背面中横梁移至挂钩座定位槽的正上方，然后缓慢放下，将背面中横梁卡在挂钩座定位槽里。每个操作平台用至少两个挂钩座固定，安装时应保证操作平台的水平线中心位置与各挂钩座之间的中心线位置基本重合。

④ 调节横梁固定：调节横梁的作用是使操作平台采用多点固定，防止其使用过程中的晃动和当中横梁在受力支撑发生失效的意外情况时起保护作用。操作平台吊装前，应移动上平台下面的调节横梁，保证其与中横梁垂直间距大于 3m 并拧紧两侧边紧固螺栓，使其不影响外挂式操作平台安装时的背面中横梁卡位。当背面中横梁就位后，应将调节横梁下移，使其卡入楼层外挂板上的挂钩座，并拧紧两侧边紧固螺栓。上层平台下的矩形钢即为调节横梁。

⑤ 安装搭接踏板和搭接栏杆：每个外挂式操作平台之间间隙为 100mm，如超过 100mm，则应在操作平台之间安装搭接踏板和搭接栏杆。搭接踏板和搭接栏杆设计分为 1m、2m 和 3m 三种规格。安装如图 3-37 所示。

图 3-37 外挂架安装图

⑥ 安装前要检查每个支撑尺寸是否合适，焊接部位焊缝长度、高度是否达到设计要求，所有穿墙螺栓是否有弯曲变形，垫片是否有裂纹、砂眼，不符合要求的禁止使用。

⑦ 外挂架支点均设置在预制外挂板上且不用开洞，工厂制作加工外挂板预埋悬挂螺栓孔套筒，套筒上安装挂钩座，外挂板预埋中心应在一条水平线上，偏差不得大于 5mm。

⑧ 外挂架适用于有预制外墙构件的项目，安装时随楼层移动、提升，拆除简便，不适用于没有预制构件的项目。

⑨ 外挂架在墙上安装，挂架布置间距为 900～1200mm，任何条件下间距不得大于 1500mm，外挂架安装后每 4～6 榀挂架与脚手架连成一个整体，组成安装单元并用塔式起重机安装。外挂架安装立面图如图 3-38 所示。

图 3-38　外挂架安装立面图

⑩ 挂架安装中当连接螺栓未安装完毕，起吊不允许脱钩，升降机未挂好吊钩前不允许松动连接螺栓，安装时必须拧紧安装螺栓采用双螺母控制。

3.5　整体卫浴安装监理工作要点

3.5.1　整体浴室安装检查

现场监理部专业监理人员按照已审批的施工方案进行检查。

（1）应检查整体浴室安装程序；主体空间尺寸检查—预埋下水孔检查—地面防水施工—地面水泥砂浆做平水控制点—放底盘—安装墙板—安装顶板—固定墙板—门套安装—室内洁具安装。

（2）整体浴室的材料检查：防水底盘、墙板、浴缸、洗脸台、顶板等均采用 SMC 材料在工厂模压而成，整体浴室规格尺寸都有一定的标准。

3.5.2　防水盘的安装检查

在安装过程是将防水盘放到浴室空间指定位置，并同步安装隐藏在防水盘以下的浴室部件。

1. 防水盘安装方式检查

防水盘安装方式有横排和直排两种（图 3-39）。

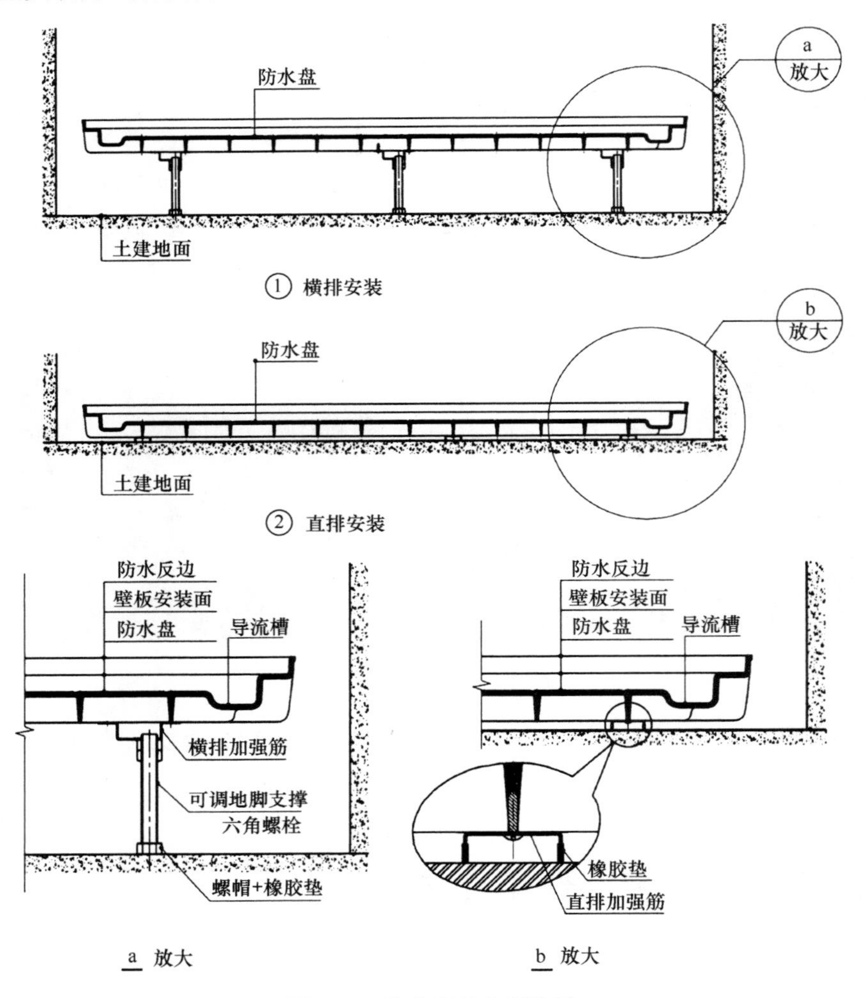

图 3-39 防水底盘角安装图

防水盘安装选用哪种安装方式，需根据现场情况来定，一般在前期勘察设计阶段就已经确定，到安装阶段应该查看合同资料、设计图纸及清单。

2. 防水盘横排安装检查

横排盘安装方式一般用于土建现场孔位与防水盘孔位不匹配的情况，需要在防水盘背面安装加强筋及地脚支撑，将防水盘适当抬高，以便在这个抬高空间内横向安装排水、排污管（图 3-40）。

3. 防水盘直排安装检查

一般用于土建现场孔位与防水盘孔位完全匹配的情况，要求浴室原始地面平整，排水孔、排污孔、地漏孔完全符合整体浴室设计要求，防水盘直接放置在土建地面上。

安装过程检查

1）应按照图纸检查，专业安装人员将直排用加强筋用自钻钉固定到防水盘上。

图 3-40　底盘加强筋安装

2）将 U 形橡胶条卡入龙骨的两侧边，可加强地面与 U 形龙骨的摩擦力。

4. 防水盘定位检查

（1）检查防水盘放入卫生间位置是否合适。

（2）通过旋转调节螺栓（图 3-41），调整防水盘平整度及所需要的高度，安装需要注意每个调节螺栓都必须着地，这是影响安装质量的重要因素。

（3）用水平仪测量防水盘的平整度（图 3-42），要注意防水盘是否要求有排水坡度。

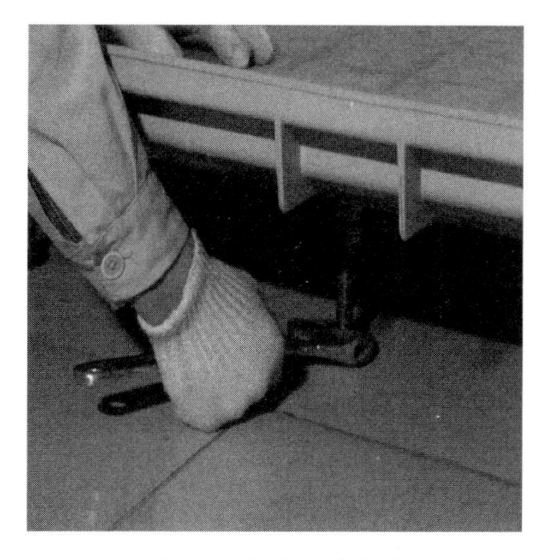

图 3-41　调整地脚螺栓

图 3-42　水平测量检验

（4）精确测量防水盘排污孔、地漏孔中心距相邻两面墙的距离，以及防水盘排污孔、地漏孔上表面距离原始地面的高度。

（5）填写记录表见表 3-25，做好记录，测量时要注意基准应统一。

（6）将防水盘移出卫生间。准备各排水管的配管安装。

底盘安装测量记录表 **表 3-25**

序号	测量项目	测量数据
1	排污孔中心到土建墙面 1 的距离	
2	排污孔中心到土建墙面 2 的距离	
3	地漏孔中心到土建墙面 1 的距离	
4	地漏孔中心到土建墙面 2 的距离	
5	排污孔处底盘表面到土建地面的高度	
6	地漏孔表面到土建地面的高度	

5. 直排方式下的防水盘定位检查

（1）确认现场地面平整，符合安装要求后，可直接将防水盘放入卫生间地面合适位置，用水平仪测量水平，注意是否有排水坡度要求，局部可使用薄垫块来调整高度。

（2）将防水盘移出卫生间，准备各排水管的配管安装。

6. 排污管安装检查

（1）现场监理人员应在安装前确认排污管的安装方式是横排还是直排。

（2）检查浴室内原有的排污管 *DN*110 是否伸出了地面。

（3）检查 *DN*110/75 异径弯头的大直径端是否插入排污管。

（4）检查 *DN*75PVC 管是否插入异径弯头 75 端，坡度 1.5%～3%是否满足要求。

（5）检查 90°PVC 弯头 *DN*75 是否插入 *DN*75PVC 管。

7. 墙板拼接成浴室壁板检查

（1）将两块墙板平铺在有保护垫层的地面上，确保两块墙板拼接处两端平齐、吻合，内表面无高低错位（注意墙板的上下及拼接的逆顺方向）。

（2）用自钻钉将两块墙板背面外边缘自带的连接筋连接好。

（3）在浴室同一边可以由几块墙板拼接，用同样方法，连接第三块、第四块墙板，达到所需要的宽度。

（4）为保证 SMC 壁板的强度，需要在墙板反面安装墙板加强筋（图 3-43、图 3-44）。

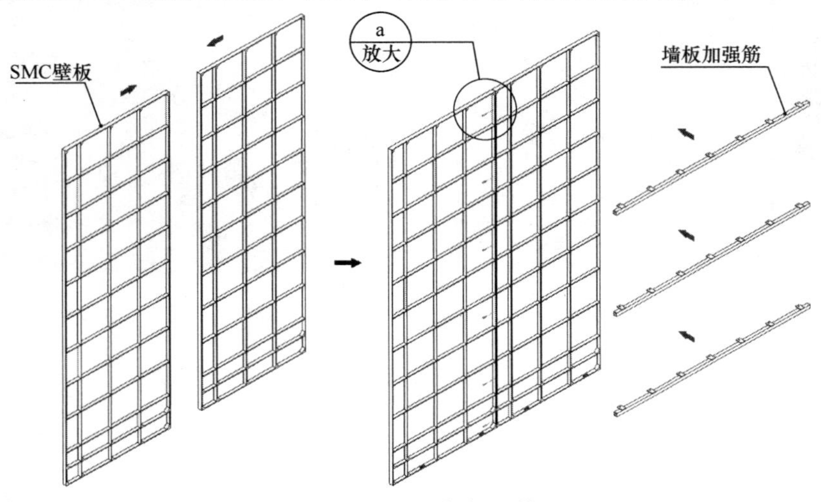

图 3-43　SMC 板加强筋

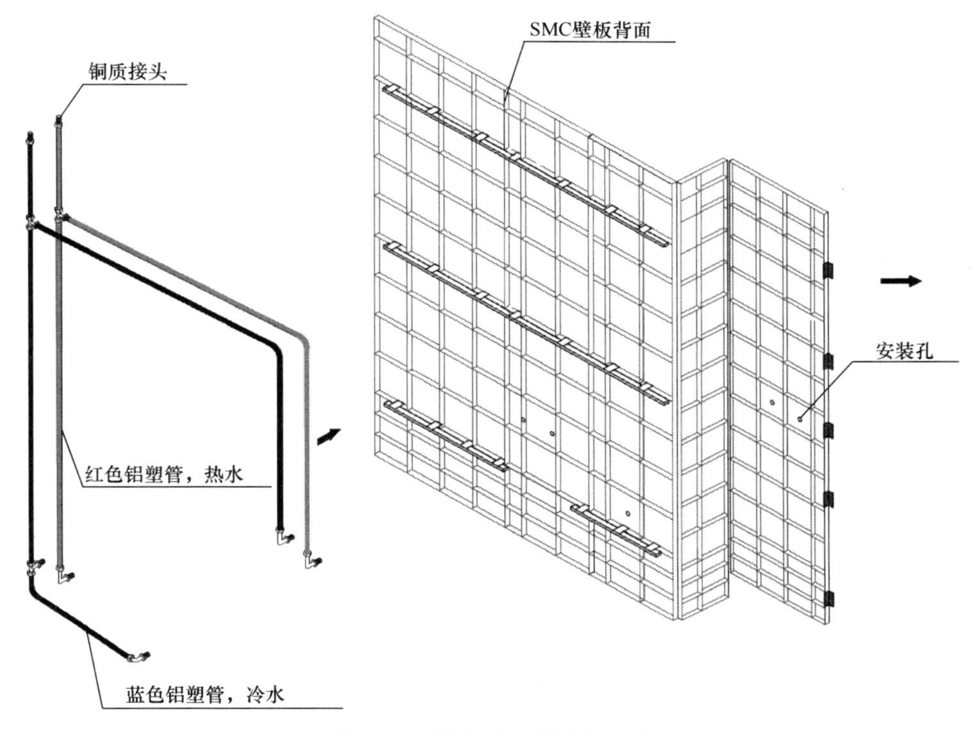

图 3-44 浴室墙板安装加强筋

（5）浴室其他边的壁板也都依次按上述方法安装好备用。

8. 墙板与底盘的固定检查

（1）墙板外装法。检查当浴室外围土建墙体没有砌筑时用此方法。

（2）将拼装好的墙板移入到防水盘挡水反边的安装面，调整好位置；

（3）直接用自攻钉将墙板与防水盘固定好。

9. 浴室门的安装检查

浴室门应在顶板安装好之后再进行安装。一般浴室门及门框均采用防水材料，且门洞高度低于墙板高度为宜，门框上方需要拼接一块墙板，便于加强整个浴室框架的稳定性（图 3-45）。

（1）将拼接墙板固定到门框上方。

（2）将整个门框用自攻钉固定到预留门洞上，并装上装饰盖。

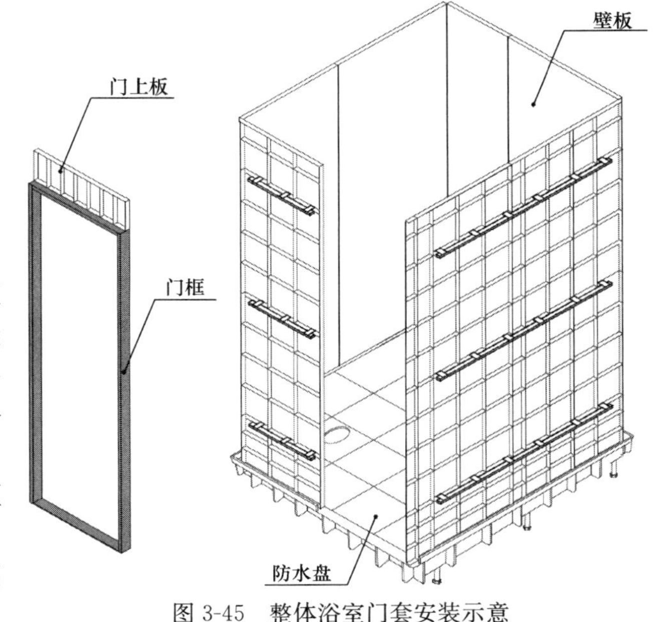

图 3-45 整体浴室门套安装示意

10. 给水管的安装检查

（1）给水管包括热水管（红色）、冷水管（白色或蓝色），一般由铝塑复合管、铜管配件（或 PPR 管及其配件）在工厂制作成型并通过试水打压实验，其质量应符合国家规定标准。

（2）按事先设计好的整体浴室各给水接头位置，在墙板上开好各给水管道接头的安装孔。

（3）将冷热水给水管的一端分别与甲方土建的冷热水管连接，注意接头垫圈一定要垫平，拧紧螺帽时用力要适度，另一端穿过墙板对应孔洞，用锁母固定在墙板上（图 3-46）。

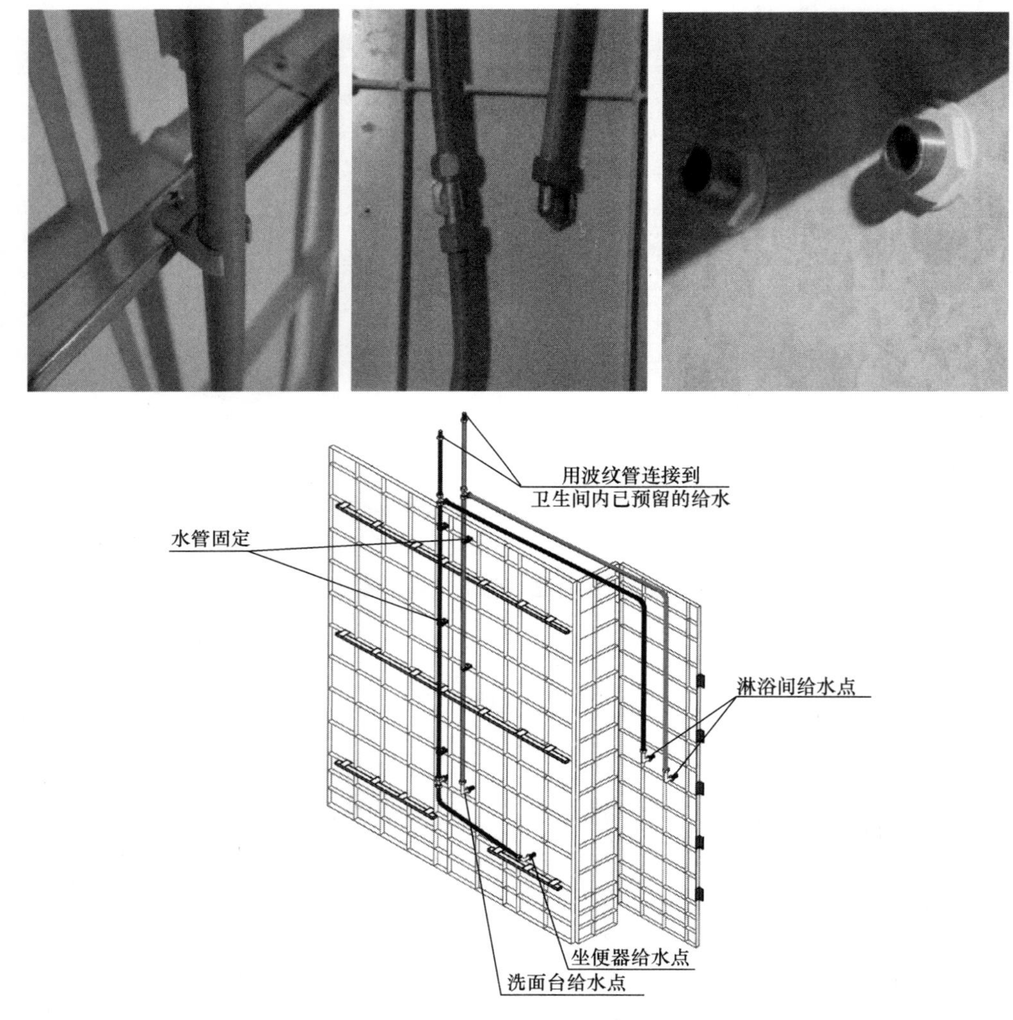

图 3-46　浴室冷热水管安装

（4）检查给水处能否安装角阀，是否方便断水维修。

（5）给水管应固定在壁板背面，以免通水时产生振动。

11. 浴室部件的安装检查（图 3-47）

（1）常用浴室部件的安装：相同部件不同式样会有不同的安装方式，具体安装方式应

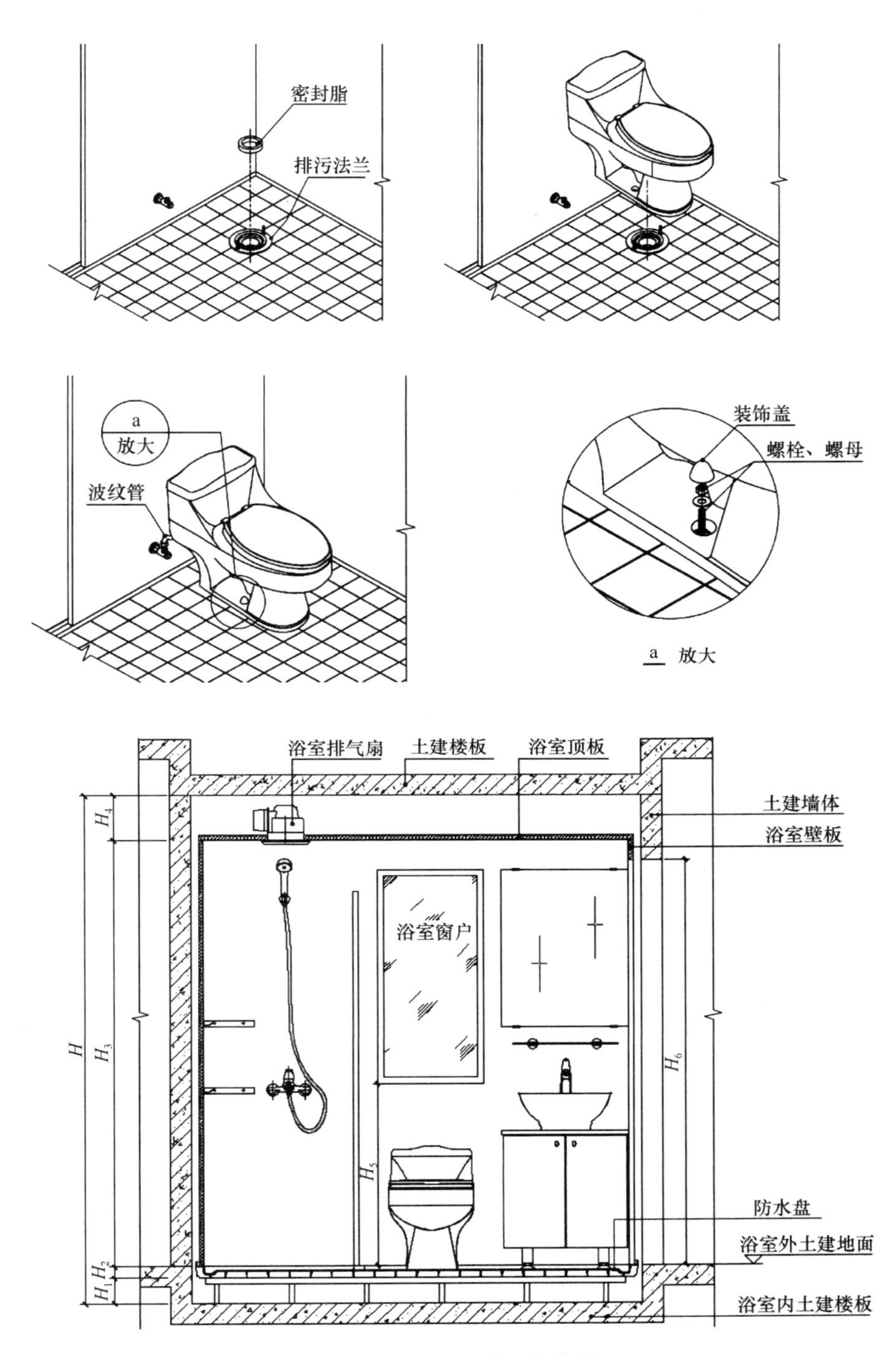

图 3-47　浴室洁具安装图

根据实际提供的部件的说明安装。

（2）为了保证部件安装的牢固性，一般应预先在部件安装位置加装垫木（垫块），因为这些产品大都是按传统浴室的墙面来考虑安装的，有时并不适用于整体浴室的墙板，比如墙面上安装的部件大多都是通过打膨胀螺钉来安装，并不适用于整体浴室墙板，所以设计和安装人员应事先了解这些部件，找到更好的安装方式。

（3）厂家也会根据整体浴室的特点，开发出一些方便适用的安装小五金。

（4）仔细清理排污法兰表面上和坐便器排放口的灰尘及杂物；在排污法兰上垫上密封脂。

（5）将坐便器对正套装在排污法兰上，稍微用力往下压，同时端正坐便器的位置。

（6）待坐便器安放稳妥后，放上垫片，小心拧紧固定螺母，并接好进水。

3.5.3 整体橱柜安装检查（图 3-48、图 3-49）

图 3-48 厨房地柜安装

图 3-49 厨房地柜安装完成图

1. 监理对橱柜材料检查

（1）以远大集成住宅整体橱柜工艺为例，是以 E1 级三聚氰胺板为基材，甲醛释放量不超过 9mg/100g（穿孔萃取法），应符合《住宅整体厨房》JG/T 184—2006 的有关规定。

（2）橱柜制作与安装所用材料的材质和规格、木材的燃烧性能等级和含水率、花岗石的放射性及人造木板的甲醛含量均符合设计要求及国家现行标准的有关规定。

（3）工程装修橱柜材料一般使用生态板材，是用细木条或木块做芯外面贴一层三聚氰胺板和实木颗粒板用胶粘贴压制而成的板材，再经过工厂加工制作成品橱柜，洗面台柜，在使用中不得用水浸泡。

2. 橱柜安装质量标准检查

（1）检查地柜背面墙上是否安装好冷热水管、插座、下水管、燃气管道等预埋。

（2）橱柜安装预埋件的数量、规格、位置应符合设计要求。检验方法：检查隐蔽工程验收记录和施工记录。

（3）橱柜的造型、尺寸、安装位置、制作和固定方法是否满足设计要求。

（4）橱柜配件的品种、规格应符合设计要求，配件应齐全，安装应牢固。

（5）橱柜的抽屉和柜门应开关灵活、回位正确。检验方法：开启和关闭检查。

（6）橱柜表面应平整、洁净、色泽一致，不得有裂缝、翘曲及损坏。

（7）橱柜裁口应顺直、拼缝应严密。

（8）橱柜安装的允许偏差和检验方法见表 3-26。

橱柜安装的允许偏差和检验方法 **表 3-26**

项次	项目	允许偏差（mm）	检验方法
1	外形尺寸	2	用钢尺检查
2	立面垂直度	2	用 1m 垂直检测尺检查
3	门与框架的平行度	2	用钢尺检查

第 4 章　竣工验收阶段质量控制要点

4.1　工程实体验收控制要点

4.1.1　工程实体测量

包括房屋开间尺寸测量、房屋净高尺寸测量、墙面平整度测量、墙面垂直度测量、窗台高度测量等。

4.1.2　防渗漏检查

包括屋面、厨房、卫生间蓄水检查，外墙（含外窗）淋水检查，地下室外墙、底板、顶板检查等。

4.1.3　门窗检查

包括门窗尺寸、开启关闭是否灵活，配件是否齐全、紧固是否到位等。

4.1.4　电气设备检查

包括配电屏、柜回路是否齐全，回路标识是否正确，开关、插座、灯具是否到位，送电检查等。

4.1.5　给水排水检查

包括给水点放水检查，排水管通水、通球检查等。

4.1.6　观感质量检查

包括墙面、地面、顶棚是否存在裂纹，完成面是否存在色差，开关、插座安装是否横平竖直，给水排水管道安装是否横平竖直，卫生清理等。

4.2 工程资料验收控制要点

4.2.1 保证资料检查

包括基础、主体、门窗、保温、屋面、水电安装、装饰装修、智能化、园林绿化等分部资料检查。

4.2.2 观感资料检查

包括土建、安装观感资料的检查。

4.2.3 质量评估报告

监理机构对竣工资料及工程实体预验收合格后，由总监理工程师签署质量评估报告。

4.2.4 竣工档案预验收证明

资料齐全后，要求总包单位将资料送质监站、档案馆检查，合格后取得竣工档案预验收证明。

4.2.5 竣工验收会议

取得竣工档案预验收证明后，参加由建设单位组织的竣工验收会议，总监理工程师发表竣工验收意见。

4.2.6 竣工验收记录、竣工验收备案表

竣工验收合格后，总监理工程师会同各参建责任主体负责人签署竣工验收记录、竣工验收备案表。

4.3 竣工验收监理汇报材料的编制要点

4.3.1 工程基本情况

建筑面积，地上建筑层数，基础形式，地下室层数，地上部分采用叠合板、叠合梁、内外墙板预制与现浇相结合的等同框架剪力墙结构形式；开工时间，基础验收时间，主体

验收时间，预验收时间等。

4.3.2 施工准备阶段监理

（1）业主与监理单位签订委托监理合同，监理单位立即组建项目监理组织机构并进驻现场。

（2）编制监理规划1份、监理细则10份、安全文明监理方案1份，报业主、质监站、安监站备案，作为后续监理工作的指导性文件。

（3）参加图纸会审与设计交底，将设计图纸中的错漏碰缺、方便施工等方面内容在交底纪要中明确。

（4）审查施工单位编制的施工组织设计及专项施工方案，特别是PC构件吊装等安全文明施工专项方案，并要求施工单位在施工过程中严格按方案实施，确保质量与安全。

（5）审查施工单位公司及人员资质，审查施工单位质量、安全保证体系与保证措施，并要求施工单位人员与措施到位，确保工程质量与安全文明施工。

（6）参加业主组织的第一次工地会议，介绍监理规划的主要内容，同时对施工单位提出关于质量、安全、进度、投资及合同、信息管理等方面的具体要求。

4.3.3 施工阶段质量控制

（1）施工放线：施工单位根据业主提供的控制坐标点进行放线，经“三检”合格后，监理工程师会同业主进行复核，符合设计要求后方同意桩基施工。

（2）原材料控制：施工单位材料进场，监理工程师会同业主进行验收，检查“三证”等是否符合设计规范与合同要求，需要送检的材料见证取样送检，不合格的材料严禁使用。

（3）桩基工程：桩基施工、复打、检测过程派专人进行旁站，保证桩基质量与尺寸真实。

（4）土方开挖：土方开挖过程中，要求施工单位做到不扰松、浸泡地基，保证地基承载力，满足设计要求，保证基础质量。

（5）PC构件生产与吊装：派工程师驻厂监造保证PC构件生产质量，PC构件吊装检查垂直度、平整度、支撑、固定及预留钢筋的锚固。

（6）模板工程：施工单位自检合格后，监理工程师会同业主检查模板平整度、几何尺寸、轴线、标高、支撑系统，合格后才允许下一道工序施工，要求施工单位浇筑混凝土时派人护模。

（7）钢筋工程：施工单位自检合格后，监理工程师会同业主验筋，检查钢筋型号规格、绑扎或焊接质量，合格后才允许进行下一道工序施工，要求施工单位浇筑混凝土时派专人护筋。

（8）混凝土工程：本工程采用商品混凝土，浇筑混凝土时派监理工程师进行旁站，核对混凝土标号，检查混凝土坍落度，要求施工人员振动到位，控制好平整度，见证取样留置混凝土试块，做好旁站记录。

（9）局部砌体工程：检查验收拉结筋，检查砌体轴线、平整度、垂直度、灰缝，斜顶砖要求按规范砌筑，控制好砂浆配合比。

（10）粉刷工程：粉刷前要求施工单位先做样板，控制好砂浆配合比，检查平整度、垂直度、阴阳角，检查混凝土构件与砌体之间钢丝网的挂设。

（11）门窗工程：检查对角线尺寸，控制好横平竖直、打胶质量、开关灵活，特别是门窗框四周防水。

（12）保温节能工程：关键工序派监理工程师旁站，控制好保温层厚度与搭接情况。

（13）防水工程：关键节点派监理工程师旁站，控制好防水材料搭接长度及细部处理。

（14）安装工程：主体施工时检查预留预埋到位，安装过程加强巡视，系统调试派监理工程师旁站电气遥测、给水试压、排水通水通球等。

4.3.4 施工阶段安全控制

（1）检查施工单位安全保证措施是否到位。

（2）要求专职安全员到位并行使安全员职责。

（3）要求施工单位做好安全教育与培训。

（4）在监理例会上将安全文明施工作为一个重点，警钟长鸣。

（5）采取巡视、旁站等方式对现场安全文明施工进行监理，每周四组织相关单位对工地现场进行质量安全检查，并整理下发相关单位，发现安全隐患要求施工单位及时整改，整改到位后进行复查。

4.3.5 施工阶段程序控制

（1）前道工序验收合格后才允许下一道工序施工。

（2）组织桩基、基础、主体、保温节能分部验收。

（3）组织工程竣工预验收。

4.3.6 施工阶段资料管理

（1）要求施工单位资料与施工进度同步，保证资料的及时性。

（2）检查施工单位上报的各项资料，保证资料的准确性。

（3）及时收集整理施工单位、建设单位、政府主管部门各项资料，保证资料的可追溯性。

（4）及时整理各项会议纪要并签发至各与会单位，保证会议精神及时贯彻落实。

（5）及时编写监理月报，上报公司领导与建设单位领导，保证了公司领导与建设单位领导及时掌握工程情况，做出正确决策，同时给予工程以人力物力支持。

4.3.7 监理结论

××工程自始至终，在安监站、质监站及项目业主的领导下，通过建设单位、设计院、地勘单位的紧密协作、施工单位辛勤劳动，迎来今天竣工验收，××工程在施工过程中处于受控状态，工程质量较好，未发生安全事故，同意竣工验收。

4.4 竣工验收监理工作程序

见图 4-1。

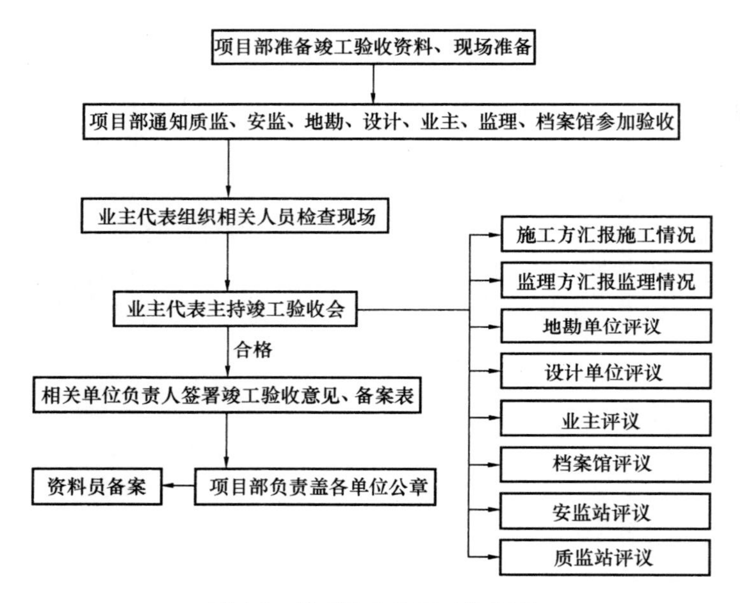

图 4-1 竣工验收监理工作程序

参考文献

[1] 住房和城乡建设部．混凝土结构工程施工质量验收规范 GB 50204—2015[S]. 北京：中国建筑工业出版社，2015.

[2] 住房和城乡建设部．装配式混凝土建筑技术标准 GB/T 51231—2016[S]. 北京：中国建筑工业出版社，2017.

[3] 中国建筑标准设计研究院，中国建筑科学研究院．装配式混凝土结构技术规程 JGJ 1—2014 [S]. 北京：中国建筑工业出版社，2014.

[4] 中国建设教育协会，远大住宅工业集团股份有限公司．预制装配式建筑施工要点集[M]. 北京：中国建筑工业出版社，2018.